**Bob Etherington**

W0193022

# Kaltakquise für Angsthasen

Deutsch von Marlies Ferber

WILEY-VCH Verlag GmbH & Co. KGaA

1. Auflage 2008

**Bibliografische Information
der Deutschen Nationalbibliothek**
Die Deutsche Nationalbibliothek verzeichnet
diese Publikation in der Deutschen National-
bibliografie; detaillierte bibliografische Daten
sind im Internet über http://dnb.d-nb.de
abrufbar.

Die englische Originalausgabe des Buches er-
schien 2006 unter dem Titel »Cold Calling for
Chickens«.

Copyright © Bob Etherington, 2006

Copyright licensed by Cyan Communications
Ltd. First published in English by Cyan Communications & Marshall Cavendish Limited,
2007.
All rights reserved.

© 2008 WILEY-VCH Verlag GmbH & Co.
KGaA, Weinheim

Alle Rechte, insbesondere die der Übersetzung
in andere Sprachen, vorbehalten. Kein Teil dieses Buches darf ohne schriftliche Genehmi-
gung des Verlages in irgendeiner Form –
durch Fotokopie, Mikroverfilmung oder irgendein anderes Verfahren – reproduziert oder
in eine von Maschinen, insbesondere von Da-
tenverarbeitungsmaschinen, verwendbare Sprache übertragen oder übersetzt werden. Die
Wiedergabe von Warenbezeichnungen, Han-
delsnamen oder sonstigen Kennzeichen in diesem Buch berechtigt nicht zu der Annahme,
dass diese von jedermann frei benutzt werden
dürfen. Vielmehr kann es sich auch dann um
eingetragene Warenzeichen oder sonstige ge-
setzlich geschützte Kennzeichen handeln,
wenn sie nicht eigens als solche markiert sind.

Printed in the Federal Republic of Germany

Gedruckt auf säurefreiem Papier.

**Satz** K+V Fotosatz GmbH, Beerfelden
**Druck und Bindung** AALEXX Druck GmbH,
Großburgwedel
**Umschlaggestaltung** init GmbH, Bielefeld

**ISBN:** 978-3-527-50379-7

Gewidmet den Verkäufern,
den einzig wahren »Unersetzlichen« der Geschäftswelt.
Ohne euch geschieht sonst nichts…

# Inhaltsverzeichnis

*Kaltakquise für Angsthasen*. Bob Etherington
Copyright © 2008 WILEY-VCH Verlag GmbH & Co. KGaA, Weinheim
ISBN: 978-3-527-50379-7

# Lektion 1

Ein Held ist nicht mutiger als ein gewöhnlicher Mensch.
Er ist es nur 5 Minuten länger.

*Ralph Waldo Emerson*

*Kaltakquise für Angsthasen*. Bob Etherington
Copyright © 2008 WILEY-VCH Verlag GmbH & Co. KGaA, Weinheim
ISBN: 978-3-527-50379-7

# Einleitung

## Der Zahnarzt, Höhen, Reden in der Öffentlichkeit, Schlangen ... Kaltakquise

Neulich im Wartezimmer des Zahnarztes schnappte ich mir eine Zeitschrift für junge Männer. Ich weiß nicht mehr, welche genau. Jedenfalls fand ich beim Durchblättern einen lehrreichen Artikel, dessen Überschrift in etwa lautete: »Wie man an ein Date mit einem Mädchen kommt.« Versteckt in der unausweichlichen Umfrage, die diese Untersuchung begleitete, war eine interessante Statistik – offensichtlich ist die größte Angst, mit der es junge Männer zu tun haben, die in der Dating-Szene aktiv sind, die allererste Annäherung.

Man muss kein Genie sein, um der Ursache dieser Angst auf den Grund zu kommen: erwartete Ablehnung, Demütigung, grausames Gelächter von Freunden, zunehmender Verlust des Selbstvertrauens und ... nun ja ... all das.

Die Angst vor dem ersten Schritt ist tief verwurzelt. Offensichtlich haben sie 99 % der jungen Männer weltweit in schier jeder Kultur, in der die freie Partnerwahl erlaubt ist. Der grundlegende Antrieb, einen Partner zu finden, ist stark und besteht seit Urzeiten. Das Bedürfnis, eine geeignete Frau zu finden und ihre Aufmerksamkeit zu erregen, erfordert die Gabe, sich selbst gut zu verkaufen. Das Bild eines Beschützers, Liebhabers, Versorgers oder des betont männlichen Mannes kann aber nur vermittelt werden, wenn die Anfangshürde genommen wurde – und genau das ist das Problem.

*Kaltakquise für Angsthasen.* Bob Etherington
Copyright © 2008 WILEY-VCH Verlag GmbH & Co. KGaA, Weinheim
ISBN: 978-3-527-50379-7

## Wir alle wollen Rambo sein ...
## aber nicht in irgendwelchen gefährlichen
## oder peinlichen Situationen

Irgendetwas irgendjemandem zu verkaufen (sogar sich selbst an jemand anderen) erfordert einen ersten Schritt. Es ist die geistige Vorwegnahme dessen, was möglicherweise passieren könnte, wenn dieser erste Schritt getan ist, die bei den meisten Verkäufern die innere Alarmglocke schrillen lässt. »Setzen Sie mich an einen Tisch mit einem potenziellen Kunden«, sagen sie, »und dann passen Sie auf, wie ich verkaufen werde ... Auge in Auge bin ich unschlagbar! Aber bitte, verlangen Sie keine Kaltakquise von mir. Warum? ... Nun ja, da kann alles Mögliche passieren!«

Als altgedienter Verkäufer, ausgebildet von Rank Xerox in London vor über 35 Jahren, dann weiter geprägt von Grand Metropolitan Hotels in Großbritannien und mit dem letzten Schliff versehen durch den weltweiten Nachrichten- und Finanzriesen Reuters in Europa, Asien und den Vereinigten Staaten, biete ich Ihnen hier eine effektive, praxisnahe Lösung.

Ich werde Ihnen zeigen, und das ist neu für ein Buch, in dem es um Verkaufsstrategien geht, wie Sie, ohne vor Ihrer Angst davonlaufen, sich endlos in positivem Denken üben oder mit überkreuzten Beinen in einer Meditationsecke sitzen und ruhig »Ommm« sagen zu müssen, gut in der Kaltakquise werden und genauso ängstlich bleiben können, wie sie es im Geheimen tendenziell sind.

In diesem Stadium könnten Sie vielleicht noch, wenn Sie das Buch in einer Buchhandlung in Europa, den USA oder Asien lesen, geneigt sein, es zurück ins Regal zu stellen und wegzugehen im Glauben, dass es einen anderen Weg gibt. Doch bitte warten Sie einen Augenblick. Da gibt es etwas Wichtiges, dessen Sie sich bewusst sein sollten:

---

Tatsache: In jedem Markt gehen 85 % der verfügbaren Neuaufträge an die 5 % der Verkäufer, die das Geheimnis erfolgreicher Kaltakquise kennen.

---

Wenn Sie das nicht überzeugt, ist es okay – Sie können das Buch jetzt zurück ins Regal stellen und weiter zu den durchschnittlichen 95 % gehören. Doch wenn es Ihnen ernst damit ist, wirklich erfolgreich zu werden, dann lesen Sie weiter. Mit diesem Buch liegt das Handwerkszeug dafür, alles zu erreichen, was Sie jemals wollten, in Ihren Händen.

## Also, was werden Sie herausfinden?

Nun, wenn Sie ein »Nummernspiel«-Anrufer sind, dessen Job es mit sich bringt, Fenster, billigere Stromversorgung oder Telefondienstleistungen willkürlich ausgewählten, genervten Verbrauchern zu verkaufen, während diese eigentlich gerade versuchen, die Kinder ins Bett zu bringen, gibt es hier nicht viel für Sie zu lernen. Ich habe so etwas nie getan, und es scheint mir ein furchtbar schwieriger Job zu sein. Diese Art von »Telefonbuch«-Anrufen erlaubt Ihnen sehr wenig Spielraum für den recherchierten und geplanten Kontakt, der weit lohnender und viel einfacher ist. Auf diesen Seiten werden Sie einen effektiven und einfachen Weg entdecken, einen befriedigenden ersten Kontakt mit brandneuen »Geschäfts«-Kunden für Ihre Firma zu knüpfen – und Sie werden dies in sechs Lektionen tun.

Hier in der ersten Lektion möchte ich sicherstellen, dass wir einander richtig verstehen, indem wir schwarz auf weiß festhalten, dass es in diesem Buch nicht darum geht, Schmetterlinge im Bauch, Angst und Feigheit loszuwerden. Allerdings werde ich Ihnen zeigen, wie Sie Ihre Ängste nutzen können, um einer der besten Verkäufer am Telefon zu werden, die Sie kennen. Um das zu erreichen, werde ich Sie mit sehr effektiven psychologischen Methoden vertraut machen, die Sie mithilfe des Dings anwenden können, das zwischen Ihren Ohren liegt: Ihrem Gehirn. Solange Sie noch nicht herausgefunden haben, wie Sie Ihr Gehirn dazu bringen, richtig zu denken, nützen Ihnen Hilfsmittel, Können und Wissen beim Verkaufen rein gar nichts.

Es gibt nichts Gutes oder Böses, nur das Denken macht es dazu.

*Hamlet*

In der 2. Lektion – Den Angsthasen-Bereich abstecken – werden wir dafür sorgen, dass Sie voll und ganz verstehen, warum »Verkaufen« (wovon Kaltakquise nur ein Teil ist) die wichtigste Aktivität für Ihre Firma ist. Ich kann diesen Punkt nicht überbetonen, und ich werde sogar noch weiter gehen und behaupten, dass dies keine Sache ist, die nur ich persönlich so sehe. Fragen Sie irgendeinen erfolgreichen Unternehmer oder Topmanager, und er wird Ihnen ebenfalls sagen, dass es einfach für jedes Wirtschaftsunternehmen nichts Wichtigeres gibt als den Vertrieb. Das ist einfach so, auch wenn jemand meint, dass Verkaufen etwas ist, wofür er persönlich wirklich zu beschäftigt sei. Der Inhaber eines scheiternden Unternehmens, von dem ich vor zwei Jahren um Hilfe gebeten wurde, bezeichnete seinen Vertrieb als »einen Haufen notwendiger Rowdys«; er hatte es einfach nicht verstanden – und ja, sein Unternehmen ging bankrott.

Wir werden auch überlegen, was in jedem Stadium des Verkaufsprozesses am besten funktioniert und wie Sie sich selbst und Ihr Produkt analysieren und präsentieren können. Ich werde Ihnen genau zeigen, wie Sie die Person am anderen Ende der Leitung bei Ihrem Kaltanruf überzeugen können, dass Sie eine Person sind, bei der sich das Zuhören lohnt.

Wenn Sie zu schnell oder zu langsam sprechen oder Ihre Stimme zu flach ist oder zu glatt, werden Sie die Aufmerksamkeit der anderen Person in weniger als 30 Sekunden verlieren. Hinzu kommt, dass, wenn Sie das Gesetz brechen, indem Sie jemanden anrufen, der auf einer so genannten Telefonpräferenzdienst- bzw. Robinsonliste in einem bestimmten Land steht (darunter Großbritannien, die USA, Kanada, Australien und viele andere), sie diese nicht nur außer Betrieb setzen, sondern auch mit einer beträchtlichen Geldstrafe zur Verantwortung gezogen werden können (das heißt, wenn Sie nicht vorher die notwendigen Recherchen angestellt und die betreffenden Personen überprüft haben).*

---

* Anm. d. Übers.: Weltweit haben Direktmarketingverbände so genannte Präferenz-Serviceleistungen für die Direktwerbung per Post bzw. Telefon entwickelt. Durch eine Opt-out-Regelung bezeugen Personen mithilfe einer Registrierung in diesen Listen den Wunsch, nicht durch unaufgeforderte Werbeanrufe belästigt zu werden.

Wenn Sie die ersten zwei Lektionen gelesen haben, werden Sie bereit sein für Lektion 3 – Die innere Einstellung: das große Geheimnis erfolgreicher Angsthasen. Hier werde ich Sie in das ultimative Geheimnis des Erfolgs einweihen, das nicht nur für die Kaltakquise maßgeblich ist, sondern auch im Bereich von Armee, Medizin, Rechtsprechung … eigentlich in jedem Lebensbereich, den man sich vorstellen kann. In diesem Buch werde ich Ihnen genau zeigen, wie man dieses Erfolgsgeheimnis entwickeln und gebrauchen kann, um alles, was Sie sich wünschen, bekommen zu können. Beachten Sie, dass ich mit »alles« nicht »irgendetwas« oder gar »X-beliebiges« meine. Ich meine damit *alles* in Ihrem Leben, das Sie sich wirklich wünschen. Es spielt keine Rolle, ob Sie es glauben oder nicht, weil die Methode, die ich Ihnen zeigen werde, bei jedem funktioniert, der sie anwendet. Wie heißt es im Werbeslogan der Firma Nike: »Just do it« (Tu's einfach).

Lektion 4 – Erzählen ist nicht gleich Verkaufen: ein überzeugender Angsthase sein – zeigt, dass es beinahe unmöglich ist, andere Leute zu überzeugen, indem man ihnen etwas über das eigene Produkt oder die Dienstleistungen »erzählt«. Kunden (und wir alle sind Kunden) treffen die meisten Kaufentscheidungen emotional. Nur wenn die Gefühle befriedigt sind, rechtfertigen wir Kaufentscheidungen mit »Fakten«. Nun, wie setzen Sie diese Erkenntnis um, wenn Sie der Verkäufer sind? Sie werden eine ganze Menge erreichen, wenn Sie Ihre üblichen Angaben zum Produkt durch die richtigen dialogorientierten Fragen ersetzen. Ebenso werden Sie sehen, warum das klassische »übermäßige Anpreisen am Telefon«, das durchschnittliche Kaltakquisiteure unternehmen, in Wirklichkeit später zum Rücktritt vom Kauf führt. Es ist nicht schwierig, hier richtig vorzugehen, sondern einfach eine Gewohnheit, die Sie fördern müssen. Sie müssen sich darüber besonders im Klaren sein, denn, wie ich schon sagte und obwohl Sie es vielleicht nicht glauben, wir überzeugen nur sehr selten einen anderen Menschen, etwas zu tun, indem wir ihm »sagen«, dass er es tun soll. Ob es ein junger Mann ist, der versucht, die Aufmerksamkeit einer jungen Frau auf sich zu ziehen, oder ob Sie Ihren potenziellen Kunden überzeugen wollen, sich mit Ihnen zu treffen oder etwas von Ihnen zu kaufen, die Redegabe ist nicht entscheidend. Der springende Punkt ist, dass man niemals andere Leute davon überzeugt, etwas zu tun ... die Leute überzeugen sich selbst.

Lektion 5 – Wie man sie weiter goldene Eier legen lässt ist einer der wichtigsten Teile dieses Buches, wenn Sie an Ihre geschäftliche Prosperität denken. Denn die meisten Unternehmen, auch Ihres, geben ein Vermögen für die Neukundenwerbung aus. Gleichzeitig behandeln diese durchschnittlichen Organisationen ihre bestehenden Kunden wie das geschäftliche Äquivalent eines »One Night Stand«.

> Die Geschäftsführer dieser »durchschnittlichen« Unternehmen verstehen nicht, dass der wichtigste Grund, warum ihre bestehenden Kunden abwandern, einfach der ist, dass sie sie vergessen haben.

Alle vorliegenden Untersuchungen zeigen, dass es 90 % einfacher und außerdem weniger teuer ist, mehr Geschäfte mit dem bestehenden, zufriedenen Kundenstamm zu machen, als Neukunden anzuwerben. Als Kaltakquise-Angsthase sollten Sie die vielen einfachen Dinge, die in dieser Lektion beschrieben werden, wirklich tun, wenn Sie die Anzahl Ihrer Kaltanrufe auf das absolute Minimum beschränken wollen!

### Oh, und ein letzter Punkt ...

Während Sie dieses Buch durchlesen, möchte ich gern, dass Sie an eine Sache denken: Ich bin nicht *besser* als Sie. Meine natürliche Abneigung der Kaltakquise gegenüber ist genauso groß wie Ihre, und auch ich bekomme meinen Anteil an Ablehnung und Unhöflichkeit ab.

Deshalb bitte ich Sie auch nicht, irgendetwas zu tun, das ich nicht tue oder das ich nicht selbst verifiziert habe. Dieses Buch handelt von praktischen Dingen, die Sie heute noch anwenden können. Ich selbst nutze alle Techniken aus diesem Buch, sie helfen mir, neue Kunden in meinem Markt zu finden und meiner Konkurrenz das Herz aus dem Leib zu reißen. Die meisten meiner Konkurrenten sitzen da, apathisch, selbstgefällig, und bleiben nicht am Ball  – »*Kaltakquise? Wir? Moi? ... Nicht nötig. Unsere Kunden kommen immer wieder zu uns zurück, wenn sie uns brauchen!*« Seid euch da nicht zu sicher, Jungs ... Ich nehme euch ununterbrochen eure Top-Kunden weg. Und, lieber Leser, liebe Leserin – in Ihrem Marktsegment können Sie das auch.

Der wahre Grund dafür, dass meine Wettbewerber – und Ihre – keine Kaltakquise betreiben, ist simpel. Sie sind zu feige! Tatsächlich habe ich vor ein paar Jahren diesbezüglich eine ungeheure Entdeckung gemacht. Es war ganz schlicht die, dass etwa 95 % aller Menschen (eingeschlossen die meisten Leute, die Kaltakquise machen müssen) durchs Leben gehen und dabei ständig ein Tonband in ihrem Kopf abspulen lassen. Die Botschaft auf dem Tonband ist nicht gerade aufbauend und nützt rein gar nichts. Es ist womöglich dieselbe, die sich in Ihrem Kopf abspielt. Lassen Sie mich raten, was sie Ihnen sagt:

»Was werden die Leute tun, wenn sie entdecken, dass ich nur ich bin?«

Wenn das der Fall ist, dann haben Sie das richtige Buch gewählt: Blättern Sie weiter und genießen Sie die Lektüre.

# Lektion 2

Der Aufzug zum Erfolg funktioniert nicht. Du wirst die Treppe nehmen müssen, eine Stufe nach der anderen.

*Joe Girard – großartigster Verkäufer der Welt*
*(Guinness-Buch der Rekorde)*

*Kaltakquise für Angsthasen*. Bob Etherington
Copyright © 2008 WILEY-VCH Verlag GmbH & Co. KGaA, Weinheim
ISBN: 978-3-527-50379-7

# Den Angsthasen-Bereich abstecken

> Ob du denkst, du kannst es …
> oder ob du denkst,
> du kannst es nicht …
> du wirst auf jeden Fall recht behalten.
>
> *Henry Ford,*
> *Gründer der Ford Motorenwerke*

Kaltakquise ist einfach die erste Stufe des Verkaufsprozesses, und ich würde gern mit Ihnen darüber sprechen, was das Wort »Verkaufen« wirklich bedeutet. Beginnen wir damit: Haben irgendwelche Leute Sie jemals überzeugt, etwas zu kaufen, von dem Sie genau wussten, dass Sie es niemals brauchen würden? Wie haben sie das geschafft? Haben Sie jemals noch etwas anderes von ihnen gekauft? Hatten Sie anschließend eine gute Beziehung zu ihnen? Dies sind einige der Fragen, die aufkommen, wenn Sie darüber nachdenken, welche Art von Verkaufstechniken Sie sich aneignen sollten.

Mein erstes Verkaufstraining erlebte ich in den frühen 1970er Jahren. Es war rückblickend sehr kontrovers. Es war voll von manipulativen Tricks und »Schlaumeier«-Antworten. Beispielsweise war, wenn wir zum ersten Mal einen Kaltanruf bei einem potenziellen Kunden machten, die erste Person, mit der wir höchstwahrscheinlich sprechen durften, jemand in der Telefonzentrale, eine Sekretärin, ein persönlicher Mitarbeiter oder eine persönliche Mitarbeiterin der Person, mit der wir eigentlich sprechen wollten – dieser Tage werden diese Leute häufig als »Gatekeeper« bzw. Türhüter bezeichnet. Man brachte uns bei, sehr herablassend mit Türhütern umzugehen. Wenn ein so genannter Gatekeeper uns fragte, warum wir mit seinem Chef sprechen wollten, wurden wir instruiert, uns auf keine Diskussion einzulassen, sondern in barschem Ton zu sa-

*Kaltakquise für Angsthasen*. Bob Etherington
Copyright © 2008 WILEY-VCH Verlag GmbH & Co. KGaA, Weinheim
ISBN: 978-3-527-50379-7

gen: »Es ist eine geschäftliche Angelegenheit, über die ich mit ihm/ihr reden muss. Stellen Sie mich bitte durch!«

Die Chancen, heute damit durchzukommen, sind praktisch gleich Null. Diese Herangehensweise führte zu der Vervollkommnung und Verbreitung von Verkaufstechniken, in deren Mittelpunkt nicht die Bedürfnisse des Kunden standen oder der Aufbau einer geschäftlichen Beziehung – sondern einzig der Geschäftsabschluss. Diese Methode führte oft zu einem einmaligen Verkauf, was alles war, woran viele Verkäufer interessiert waren.

Als wir die 1980er Jahre erreichten, wurde die empfohlene Kontaktaufnahme weicher und enthielt Schlüsselwörter wie »Geschäftsethik«, »Dienstleistung«, »Beziehung«, »harte Arbeit«, »Qualität«, »Lieferung« und »Loyalität«. Die Ausbildung, die wir erhielten, stellte nun den Aufbau einer Freundschaft und Beziehung mit jedem Kunden in den Mittelpunkt, um sicherzustellen, dass diese immer zurückkommen würden. Gegen Ende der 1990er Jahre entdeckten die Vertriebsleiter, dass sie ihre Verkaufszahlen steigern konnten, indem sie bestimmte Worte benutzten und wissenschaftlich erforschte Überzeugungstechniken anwendeten. Die meisten dieser Methoden drehten sich darum, die Kunden selbst ein Gefühl der Wertschätzung entwickeln zu lassen, indem sie anstelle des Verkäufers das Wort führten.

All diese modernen Verkaufstechniken, wie unterschiedlich sie auf den ersten Blick auch wirken mögen, wurden in den 1950er Jahren mit dem A.I.D.A.-Prinzip begründet (Attention, Interest, Desire, Action; Aufmerksamkeit, Interesse am Produkt und an Informationen darüber, Begehren, Handeln). Es wurde im Laufe der Jahre leicht verändert, doch im Wesentlichen blieb es dasselbe.

1. Attention: Zuerst müssen Sie die Aufmerksamkeit eines potenziellen Kunden erregen, andernfalls wird er oder sie nie anfangen, Ihrem Angebot zuzuhören. Sensationsschlagzeilen auf den Titelseiten von Zeitungen illustrieren am offensichtlichsten die Technik, erst einmal die Aufmerksamkeit des Adressaten zu erregen und so die Weichen für den Verkauf zu stellen. Werbefirmen, die einen Auftrag eines Kunden bekommen, werden den größten Teil ihrer Zeit damit verbringen, über den Werbeslogan nachzudenken. Was auch verkauft wird, es geht immer um dasselbe. Zuallererst muss man Aufmerksamkeit erregen.

2. Interest: Wenn man erst einmal die Aufmerksamkeit des potenziellen Neukunden hat, muss man sein oder ihr Interesse aufbauen. Auch das kann man an Zeitungsschlagzeilen verdeutlichen. Zeitungsredakteure benutzen gefühlsgeladene Worte, um die Aufmerksamkeit zu erregen, lassen jedoch die pikanten Details aus. »Popstar in Sex-Skandal verwickelt« als Überschrift erregt Aufmerksamkeit, indem eines der vier Wörter benutzt wird, die weltweit die größte Werbekraft haben: »SEX«*. Schließlich erreicht unser *Interesse* einen Höhepunkt, indem nicht gesagt wird, um wen es eigentlich geht. Das erfahren wir erst, wenn wir die Zeitung kaufen. Im persönlichen oder telefonischen Kundengespräch bekommen wir die Aufmerksamkeit des potenziellen Kunden zu Beginn, indem wir etwas sagen, das den Neukunden sagen oder denken lässt: »Was haben Sie gesagt?« oder: »Fahren Sie fort.« Ein gut ausgebildeter Verkäufer wird darauf mit einem weiteren Satz antworten, sehr oft einer Frage, welche die Aufmerksamkeit noch weiter steigert, ohne alles zu verraten.

3. Desire: Derjenige, der etwas verkaufen will, erzeugt Verlangen, indem er dem potenziellen Kunden dabei hilft, sich das Problem, das er oder sie hat und von dem der Verkäufer weiß, dass er es lösen kann, vor Augen zu führen und zu verbalisieren. Um dies zu veranschaulichen, erzählen Schulungsleiter oft die Geschichte von Sokrates, der (angeblich) von einem Schüler gefragt wurde: »Meister, wann wirst du mir alles sagen, was ich wissen muss?« Sokrates nahm ihn mit zum Fluss und drückte den Kopf des Schülers unter Wasser. Er hielt ihn fest, bis der Schüler nach Atem rang. Selbst da hielt er ihn weiter fest, bis der Schüler verzweifelt darum kämpfte, an die Luft zu kommen und kurz davor war, bewusstlos zu werden. Erst da erlaubte Sokrates ihm, wieder Luft zu holen. »Du wirst wissen, wann du bereit bist für alles Wissen, das du brauchst, wenn dein Wunsch nach Wissen ebenso groß ist wie das Bedürfnis zu atmen, das du soeben verspürtest. Bis dahin werde ich dich nach Luft hungern lassen.« Ein gut ausgebildeter Verkäufer lässt den potenziellen Kunden so lange wie möglich hungrig bleiben. Er gibt die Lösung nicht preis, bis der Kunde sich des

---

* Die anderen drei Worte mit der größten Werbekraft in der englischen Sprache sind »win« (gewinnen), »free« (frei) und »you« (du/Sie).

Problems, welches durch das Produkt des Verkäufers gelöst werden kann, bewusst geworden ist.

4. Action: Schließlich muss die Verkaufsperson den potenziellen Kunden zur Handlung ermuntern. »Okay, gut, danke … das war ein sehr interessantes Angebot. Wir werden bald von uns hören lassen«, ist immer noch die traurige und klassische Antwort am Ende einer durchschnittlichen Kaltakquise. Die Chancen, jemals wieder von diesem potenziellen Kunden zu hören, sind gering. Der Verkäufer muss immer zu einer nächsten Handlung auffordern – die Vereinbarung eines Termins oder sogar die Aufnahme einer Bestellung. Es ist überraschend, wie wenige Verkäufer dies tun.

Abhängig vom Markt gibt es viele Wege, ein persönliches oder telefonisch geführtes Verkaufsgespräch abzuschließen, und es lohnt sich, sie hier kurz darzustellen und später genauer darauf einzugehen:

- *Ein direkter Abschluss oder Vorstoß während des Gesprächs:* Einfach nach einem Auftrag oder einem Termin fragen, wenn man sicher ist, dass der potenzielle Kunde bereit dafür ist. Es ist oft sehr nützlich, zwei Alternativen anzubieten.
- *Ein Abschluss mit Handel/Entgegenkommen:* Die Anwendung dieser Technik stellt sicher, dass der potenzielle Kunde überzeugt ist, eine gute Wahl getroffen zu haben und Geld zu sparen (oder einen Mehrwert zu bekommen). Hier können Formulierungen verwendet werden wie: »Wenn Sie heute bestellen, kann ich Ihnen dieses weitere Modul für zusätzliche 10 % mit dazugeben.«
- *Verknappungsabschluss:* Dieser funktioniert gut mit Aussagen wie: »Wir haben noch zwei übrig, aber vorausgesetzt, dass wir uns jetzt einigen, gehört einer davon Ihnen.« Eine Menge Vertriebsleute ziehen ein langes Gesicht, wenn sie das hören: »Das ist ein alter Hut«, sagen sie. Aber gehen Sie die Haupteinkaufsstraße Ihrer Stadt entlang, und Sie werden überall viele Beispiele sehen: »Ausverkauf nur bis Freitag!« Der gewiefte Laden der gehobenen Preisklasse, in dem ich meine Hemden kaufe, macht ständig Ausverkäufe zum halben Preis, in jeder Abteilung, die jeden Freitag enden und jeden Montag aufs Neue beginnen! Mein Lieblingsbeispiel ist ein Laden am

Broadway in New York, in dessen Schaufenster seit 20 Jahren ein Schild hängt: »Wir schließen. Alles muss raus!« Als ich vor ein paar Jahren begann, Schulungen anzubieten, lernte ich bald, dass mich »rar« zu machen eine sehr viel überzeugendere Strategie war, als umgehend »morgen früh« für eine neue Schulungsaufgabe verfügbar zu sein. Seien Sie nicht zu ungeduldig. Eine lange Zeit hat der Diamanten-Gigant DeBeers dafür gesorgt, dass Diamanten (die recht leicht und in großen Mengen an den richtigen Orten zu finden waren) selten und wertvoll blieben, indem er die Marktfreigabe sorgfältig kontrollierte. Seltenheit verkauft sich noch immer; sogar Seltenheit durch gezielte Verknappung.

- *Testangebot oder »Hundewelpen«-Abschluss:* Man kann den potenziellen Kunden das Produkt auch unverbindlich eine bestimmte Zeit testen lassen. Das funktioniert gut, wenn man Produkte verkauft, die das Leben der Leute vereinfachen. Es ist nicht wahrscheinlich, dass sie es zurückgeben möchten, wenn es ihnen eine Menge Zeit und Mühe während des Testzeitraums erspart hat. Dies ist oft nicht so einfach, wie es vielleicht aussieht, weil bei bestimmten Produkten viel Arbeit nötig ist, die Kunden überhaupt zum Gebrauch des Produktes zu animieren. Wenn die Kunden dann mit dem Produkt nicht die Erfahrung machen, die ihnen versprochen wurde, bekommt der Verkäufer wahrscheinlich keine weitere Chance.

Also, warum erzähle ich Ihnen das alles? Ob Sie es glauben oder nicht: als Verkäufer, selbst als jemand, der Kaltakquise betreibt, müssen Sie *einiges* an Verkaufsarbeit leisten, und die grundsätzlichen Arbeitsschritte, die dazu nötig sind, wurden soeben skizziert. Aber es ist keine große Sache, denn die meisten Ihrer Konkurrenten, wie die meisten der meinigen, arbeiten gar nicht so hart daran, etwas zu verkaufen, wie sie einen glauben machen wollen.

> Die meisten Leute übersehen eine günstige Gelegenheit, weil sie in einem blauen Overall daherkommt und nach Arbeit aussieht.
>
> *Thomas Edison*

Die wirksame, dem 21. Jahrhundert angepasste Methode für Kaltakquise-Angsthasen, die ich entwickelt habe und Ihnen hier empfehle, lässt sich ebenfalls in vier Schritten erklären. Ich nenne sie I. K. E. A., was für Folgendes steht: Intelligence (Information), Knock-on effect (Dominoeffekt), Expansion (Erweiterung) und Appropriate (angemessen). Da diese Herangehensweise genauso lautet wie der namhafte Möbelhersteller, bleibt I. K. E. A. leicht im Gedächtnis haften, doch warum ist die Methode so effektiv? Das ist sie, weil sie eine sehr vernünftige Eröffnung des Verkaufsprozesses benutzt. Sie basiert auf den folgenden drei Fakten:

1. Die meisten Produkte und Dienstleistungen sind in Wirklichkeit da, um Lösungen für Probleme anzubieten.

2. Keiner von uns ist wirklich ein potenzieller Kunde für irgendein Produkt oder eine Dienstleistung, solange wir uns nicht eingestanden haben, dass wir ein zu lösendes Problem haben.

3. Unsere Bereitschaft als potenzielle Kunden, uns ein zu lösendes Problem einzugestehen, hängt weitgehend davon ab, auf welcher Stufe unserer eigenen Einkaufsleiter wir uns befinden.

Der I. K. E. A.-Ansatz basiert darauf, zuerst den potenziellen Nutzen unseres Produktes oder unserer Dienstleistung zur Lösung eines Problems zu analysieren. Erst wenn dies getan ist, können wir beginnen, das I. K. E. A.-Modell anzuwenden. Also, wofür steht jedes Wort der I. K. E. A.-Lehre?

### Intelligence (Information) *

Dies ist Aufklärung und Information im militärischen Sinn. Anstelle einer eher zufälligen Herangehensweise, die auf der alten »Alles-ist-ein-Zahlenspiel«-Philosophie basiert (»Je mehr Leute du anrufst, desto mehr Aufträge bekommst du« – *ganz genau! Und desto mehr Zurückweisungen!*), sollte man seinen Kopf benutzen. Fragen Sie sich, wer da draußen vielleicht ein Problem hat, das durch Ihr Angebot in Ordnung gebracht werden kann. Wenn Sie

* Anm. d. Übers.: Im englischen Sprachgebrauch bezeichnet intelligence nicht nur Intelligenz, sondern kann auch Information bedeuten. Konkret ist hier die militärische Bedeutung von intelligence gemeint, die in Richtung Geheimdienstinformation geht.

nicht sicher sind, auf welche Weise Ihr Produkt Probleme einzelner vorhandener Kunden lösen kann, fragen Sie sie einfach. Wenn Sie ein völlig neues Start-up-Unternehmen haben oder ein neues Produkt in einem bestehenden Unternehmen, dann setzen Sie sich hin und fragen Sie sich: »Welches Problem versuchen wir hier zu lösen?« Sobald Sie dies ermittelt haben, sehen Sie die lokalen und nationalen Zeitungen, Zeitschriften, das Internet und Ihre bestehenden Kundenlisten durch. Machen Sie ähnliche Unternehmen und Organisationen ausfindig, die vielleicht genau die Probleme haben, die Sie möglicherweise lösen können.

Eine weitere großartige potenzielle Informationsquelle für Unternehmen ist jede Meldung in Presse, Funk, Fernsehen und Internet über große Veränderungen bei einzelnen Unternehmen. Wenn ein Unternehmen irgendwelche Arten von traumatischen Veränderungen durchläuft wie zum Beispiel einen Managementwechsel, einen großangelegten Personalabbau, Niederlassungsschließungen etc., dann ergeben sich zuhauf günstige Gelegenheiten zu neuen Geschäften für SIE! Jede »große Veränderung«, insbesondere ein Managementwechsel, deutet im Allgemeinen auf viele kleinere Veränderungen, die damit verbunden sind.

Wenn ein neuer »Führungsstab« an die Macht kommt, tendiert er dazu, Veränderungen in schier jedem Bereich anzustoßen – Reinigungsdienste, Getränkeautomaten, Bürobedarfzulieferer, PC-Reparaturdienste, Personalberater … alles.

Immer wenn ich eine Bekanntmachung in dieser Richtung sehe, insbesondere wenn der Name einer neuen Führungskraft genannt wird, die die Macht übernimmt oder den Wechsel anstößt, rufe ich dort an. Immer.

Wenn jemand in der Telefonzentrale, im Chefsekretariat oder ein anderer »Türhüter« mir sagt, dass die Firma gerade eine große Veränderung durchläuft und dass es keinen Sinn mache, in der nächsten Zeit mit irgendjemandem zu sprechen, weiß ich eines: Diese Person hat keine Ahnung, was dort gerade passiert. Sie begreift es nicht! Der Wandel wird bald durch das ganze Unternehmen fegen.

Alte Zulieferer werden abgelöst, da man sie für die Verkörperung der »alten Philosophie« hält, und neue Zulieferer werden an Bord geholt, um die neue Welle zu repräsentieren. Dies ist eine besonders vorteilhafte Zeit, wenn Ihr Produkt oder die angebotene Dienstleistung vor allem für die rangniederen Mitarbeiter sichtbar ist. Der neue Chef will, dass die Leute sowohl sehen als auch fühlen, dass eine neue Zeit begonnen hat und jemand anderes die Führung übernommen hat. Zwar mag dies ein Machtspielchen sein, aber aus Ihrer Sicht ist es eine großartige Gelegenheit, neue Geschäfte zu machen.

### Knock-on-Effekt (Dominoeffekt)

Wie bei einem Eisberg, so ist ein eingestandenes Problem gewöhnlich nur die Spitze einer viel größeren Angelegenheit, die unter der Oberfläche schlummert und viele Aspekte des Lebens Ihrer potenziellen Kunden beeinträchtigt. Hier ist die Aufgabe, zu überlegen, welche möglichen Dominoeffekte es geben könnte. Sagen wir, dass Sie, wie ich, Schulungen von Führungskräften im Vertrieb anbieten. Für einen potenziellen Kunden ist das Nichterreichen des diesjährigen Verkaufsziels nicht nur ein Problem für den Vertriebsleiter der Firma. Es wird auch zweifellos den Cashflow, die Angestelltenmoral und die Thesaurierung (Nichtausschüttung von Gewinnen) beeinflussen, sogar die Entwicklungsfähigkeit des gesamten Unternehmens. Indem Sie über all diese Dominoeffekte nachdenken, setzen Sie einen starken Prozess in Gang, der Sie befähigen wird, in Ihrem potenziellen Neukunden ein Gefühl der Wertschätzung zu erzeugen, wenn Sie schließlich mit ihm sprechen.

### Expansion (Erweiterung)

Mit all den zuvor erwähnten Informationen können Sie jetzt die richtige Botschaft für die Person, die Sie anrufen möchten, entwickeln. Zum Beispiel sind Sie vielleicht in der *Informations*-Phase auf die Ankündigung gestoßen, dass ein Führungsmitglied eines nationalen Unternehmens damit betraut wurde, die Expansion auf dem internationalen Markt voranzutreiben. Die erweiterte Botschaft für diese Person könnte sich auf die potenziellen kulturellen, sprachlichen und unerwarteten Mitarbeiterprobleme konzentrieren, die in einigen Ländern auftreten, wenn ein ausländisches Unternehmen beginnt dort zu agieren. (Ich habe speziell dieses Beispiel gewählt, weil es eine Situation aus dem wirklichen Leben beschreibt, in der ich das Problem erfolgreich aufgedeckt habe und mit meiner Kaltakquise gerade erst vor ein paar Monaten erfolgreich war). Drei Dinge sollte Ihre Botschaft haben. Sie sollte:

1. Leicht beunruhigend sein – »Was haben Sie eben gerade gesagt?«
2. Autorität haben – Ihr potenzieller Kunde bekommt das Gefühl, dass Sie wissen, worüber Sie reden.
3. Auf Wertigkeit beruhen – was vom potenziellen Kunden wahrgenommen wird.

### Appropriate (passend)

Die meisten Erstverkaufsmethoden werden nur gelingen, wenn sich derjenige, der Kaltakquise betreibt, vorher die Zeit genommen hat zu analysieren, wo auf der Kaufleiter der potenzielle Kunde sich momentan befindet. Wenn der potenzielle Kunde gerade erst einen neuen Kopierer gekauft hat, ist er bereits oben auf seiner gegenwärtigen Leiter angelangt und wird vermutlich nicht noch höher wollen – momentan. Wenn er andererseits schon einige Zeit einen älteren Kopierer hat, steht er höchstwahrscheinlich auf einer niedrigeren Stufe der Leiter und wird geneigter sein zuzuhören, welche Vorteile ein Neukauf hätte. Indem Sie darauf achten, wie Leute reagieren, und wenn Sie Ihre Hausaufgaben – noch bevor Sie den Hörer abheben – gut gemacht haben, können Sie eine passende Botschaft für die Person, die Sie anrufen, modellieren. Wir nennen jede Bewegung, die auf der Kaufleiter des potenziellen Neukunden nach oben führt, einen »nächsten Schritt«. Ein nächster Schritt könnte der Verkauf eines Produktes sein, aber es ist wahrscheinlich eher ein erstes Treffen, eine Produktdemonstration oder eine Präsentation, die auf einem vorangegangenen Treffen basiert. Was immer es ist, ein Kaltakquisiteur muss wissen, welchen nächsten Schritt er im Sinn hat (nennen Sie es, wenn Sie wollen, ein Minimalziel), bevor die Kaltakquise beginnt. Damit lenkt der Verkäufer den Verkaufsprozess subtil in Richtung eines erfolgreichen Ausgangs.

Wie Sie sehen können, haben die jahrzehntealte A. I. D. A.-Methode und der sehr moderne I. K. E. A.-Ansatz viele Gemeinsamkeiten. Wir werden uns später in diesem Buch noch eingehender auf die einzelnen I. K. E. A.-Schritte beziehen. Es mag Ihnen so vorkommen, dass das meiste davon einfach gesunder Menschenverstand ist und dass die meisten Leute, Ihre Konkurrenten eingeschlossen, dies wahrscheinlich schon tun. Ich verspreche Ihnen, sie tun es nicht!

Die meisten Vertriebsleute tun beinahe gar nichts, um neue Geschäftsfelder zu generieren, außer dass sie »hoffen«, dass sich etwas Neues auftut – sie sitzen träge in der »Hoffnungsecke«. Tatsächlich, obwohl Sie bis hierhin im Buch gekommen sind, sind auch Sie vielleicht einer von ihnen. Lassen Sie uns kurz über Verkauf im Allgemeinen und seinen Stellenwert in Unternehmen reden.

## Der Verkauf ist allmächtig

In jedem Wirtschaftsunternehmen gibt es nichts Wichtigeres als »Verkaufen«. Es gibt jede Menge »Produkte« da draußen auf jedem Markt. Glauben Sie mir, Sie müssen sich kein neues Produkt oder keine neue Dienstleistung ausdenken, um erfolgreich zu sein. Einen großen Mangel gibt es in der Berufswelt vielmehr an Leuten, die bereit sind, zu verkaufen, was es draußen bereits gibt. Wenn es in Ihrem Betrieb keinen Vertrieb gäbe, dann würden auch keine Manager, keine CEOs, COOs, keine Buchhalter, keine Ingenieure, Designer, keine »protzigen« Büros, keine wunderschön gestalteten Briefköpfe, goldgeränderten Visitenkarten, keine Warenlager und alles andere gebraucht. Denn das Einzige, das Ihnen versichert, dass Sie ein Unternehmen haben, ist dies: *Haben Sie irgendwelche Kunden?*

## Zuerst die großen Lügen aufdecken

Die größte Unwahrheit im Verkaufsgeschäft ist das alte Sprichwort: »Baue eine bessere Mausefalle, und alle Welt wird dir die Bude einrennen.« Im 21. Jahrhundert passiert das einfach nicht. Wenn Sie für ein großes Unternehmen mit einem großen Werbebudget von zehntausend, hunderttausend oder sogar Millionen von Euro arbeiten, können Sie diesen Etat für Medienwerbung und Verkaufsförderung jeder Art verwenden und es auf diese Weise schaffen zu verkaufen. Und dennoch, es ist entsetzlich teuer, der Erfolg trotzdem wechselhaft. Wie der US-amerikanische Kaufhaus-Gigant John Wanamaker sagte: »Die Hälfte des Geldes, das ich für Werbung ausgebe, ist verschwendet. Das Problem ist, dass ich nicht weiß, welche Hälfte.«

Am anderen Ende der Medienskala stellen Kleinanzeigen, Werbebriefe und Hochglanzflyer billige Alternativen dar, aber wie jeder, der sie als hauptsächliches Vertriebsinstrument ausprobiert, Ihnen sagen wird, sind sie im Allgemeinen gänzlich unwirksam. Das ist der Grund, warum sie billig sind.

Und okay, ich weiß, es gibt da diesen Freund eines Freundes von Ihnen, einen »Geschäftsgründer«, bei dem vom ersten Tag an, kaum dass er seine Website eingerichtet hatte, das Telefon nicht mehr aufhörte zu klingeln. Das ist die so genannte Lotterie-Theorie: Man gibt ein bisschen Geld für eine Website aus, dann lehnt man sich zurück und sieht zu, wie die Millionen angerollt kommen … lediglich mit der Einschränkung, dass dies bei der großen Mehrheit nicht passiert. Vor ein paar Jahren, als ich in den USA arbeitete, gab es in New York ein Reklameschild am Rand der Straße Richtung Kennedy Airport. Es war von einem der Wall-Street-Unternehmen aufgestellt worden, das Finanzmanagement-Dienstleistungen anbot. Die Schlagzeile lautete:

> **Nächstes Wochenende wird jemand im Lotto gewinnen** \*
> (\* nur nicht Sie)

Hier wird nett zusammengefasst, was für die meisten Leute und die meisten Unternehmen gilt: Man bekommt nicht viel ab, was Verkäufe und Erfolg angeht, es sei denn, man arbeitet dafür. Das Internet ist großartig, aber man muss den Fakten ins Auge sehen – es ist nur ein weiterer Markt mit Abermillionen von anderen Websites, genau wie die Ihre. Wenn das das Herz Ihrer Verkaufsstrategie ist, dann werden Sie eine Menge Arbeitszeit mit Suchmaschinen verbringen und Geld in Online-Marketing mit Pay-per-

Click investieren müssen, um wahrgenommen zu werden, ohne Garantie auf Verkaufserfolg.

## Der erfolgreichste Weg der Verkaufsanbahnung besteht darin, den Hörer in die Hand zu nehmen und selbst aktiv zu werden

Also lassen Sie uns beginnen. Zuerst einmal wäre es eine gute Idee, zu definieren, was wir mit »Kaltakquise« meinen:

*Kaltakquise ist schlicht und einfach die Kontaktaufnahme mit Fremden.*

Sie können sich heute mit der Kaltakquise vertraut machen, wenn Sie wollen. Es ist eine erwiesene Tatsache, dass eine Eigenschaft glücklicher Menschen die ist, dass sie mehr Leute kennen, also verschwenden Sie nicht weiter Zeit. Riskieren Sie, für einen Idioten gehalten zu werden, und versuchen Sie Folgendes: Machen Sie es sich zur Gewohnheit, an öffentlichen Orten mit anderen Leuten ins Gespräch zu kommen. Ein paar Leute werden Ihnen klarmachen, dass sie nicht reden wollen (manchmal gehöre ich auch dazu, nicht immer ist mir zum Plaudern zumute). Aber ich habe entdeckt, dass andere Menschen, wenn man sie etwas fragt, was mit ihnen und ihrem Wohlergehen zu tun hat, in 80 % der Fälle auf das Gespräch eingehen.

Wie Dale Carnegie in seinem vor über 70 Jahren publizierten Buch *Wie man Freunde gewinnt* empfiehlt, sollte man nicht über »sich selbst« reden, wenn man möchte, dass andere Leute einen mögen. Stellen Sie ihnen Fragen über sich selbst.

Aus wissenschaftlichen Gründen, beschrieben im nachstehenden Kasten – Kleine-Welt-Phänomen –, ist es beinahe unwichtig, mit wem Sie in diesem Stadium reden, aber fangen Sie an zu plaudern. Machen Sie es sich zunächst selbst einfach ... schließlich trägt dieses Buch den Titel *Kaltakquise für Angsthasen*, also vermute ich, dass es Ihnen nicht allzu leichtfällt (noch nicht), aber wenn Sie können, gewöhnen Sie es sich an, Menschen anzulächeln und Smalltalk zu machen. Beispielsweise können Sie das in der Warteschlange vor dem Bankschalter, im Supermarkt oder in der Post tun. »*Oh, wo haben Sie den Spargel her, er sieht gut aus.*« – »*Wun-*

derbar, dass wir zur Abwechslung mal einen sonnigen Tag haben, nicht wahr?« – »Darf ich Ihnen mal eben mit diesem Paket behilflich sein?« Oder vielleicht mit der Person, die neben Ihnen im Flugzeug sitzt: »Sind Sie auf dem Weg nach Hause?« Nebenbei bemerkt ist Letzteres meine beste Gesprächseröffnung, die mir mindestens zehn neue Geschäftskontakte innerhalb des letzten Jahres eingebracht hat – also, wen kümmern die paar kurz angebundenen Erwiderungen?

---

### Kleine-Welt-Phänomen

1967 wurde in Amerika ein Experiment von einem amerikanischen Soziologen namens Stanley Milgram durchgeführt. Er ließ sich eine Methode einfallen, um seine Theorie zu testen, dass die Welt viel kleiner ist, als wir denken. Er glaubte, weil jeder der 200 Millionen Erwachsenen, die in den USA leben, mit ein bisschen Soufflieren hier und da mindestens 250 Menschen persönlich kannte (d. h. beim Vornamen nannte), dass es einige sehr nahe Verbindungen zwischen beinahe allen im Land geben müsse.

Nach dem Zufallsprinzip wählte er zehn Menschen im mittleren Westen der USA aus und vereinbarte mit ihnen, dass jeder von ihnen ein Päckchen an jemanden in Massachusetts schicken sollte, von dem er oder sie noch nie gehört hatte. Den Absendern wurden dabei die Namen der jeweiligen Empfänger mitgeteilt, dazu ihr Arbeitsfeld, und es wurde ihnen eine Vorstellung davon gegeben, wo sie ungefähr lebten. Man sagte ihnen, dass sie ihr Päckchen jeweils zu einer Person schicken sollten, die sie persönlich beim Vornamen kannten und von der sie am ehesten glaubten, dass diese unter allen Verwandten, Freunden, Kollegen und Bekannten die Person sein könnte, die den endgültigen Empfänger persönlich kennt. Dieser nächste Empfänger würde das Gleiche tun und so weiter, bis das Päckchen schließlich sein Ziel erreichen würde und persönlich übergeben werden könnte.

Obwohl jeder erwartet hatte, dass die Kette mindestens 100 Glieder lang sein würde, brauchte es durchschnittlich nur zwischen fünf und sieben »Hopser« quer durch die 200 Millionen erwachsenen US-Amerikaner, bis ein Päckchen zugestellt wurde. Die Forschungsergebnisse wurden in der Zeitschrift *Psychology*

*Today* veröffentlicht und führten zum Begriff »Kleine-Welt-Phänomen« (im Englischen »small world phenomenon« oder auch
»six degrees of separation«, d. h., jeder kennt jeden über sechs
Ecken). Das gleiche Experiment wurde vor ein paar Jahren in
Großbritannien wiederholt, wo die Einwohnerzahl etwa 20 % von
der US-amerikanischen ausmacht. In diesem Fall betrug die
durchschnittliche Anzahl von Hopsern nur vier.

Fußnote: Eine Menge Leute stellten
den Wert seiner Arbeit in den 1980er
und 1990er Jahren infrage, weil sie
sagen, Stanley Milgrams ursprüng-
liche Auswahl sei zu klein gewesen.
Im Jahr 2001 überführte Duncan
Watts, Professor an der Universität
von Columbia, seine eigenen früheren
Forschungen in die »Kleine-Welt«-
Theorie und bildete das Experiment
im Internet nach. Er verwendete eine
E-Mail-Botschaft als »Päckchen«, das
zugestellt werden sollte, und er-
staunlicherweise fand Watts nach
Auswertung der Daten, die er von
48 000 Absendern und 19 Zielemp-
fängern in 157 Ländern erhielt, heraus,
dass die durchschnittliche Anzahl der
Mittelsleute tatsächlich immer noch
bei sechs lag.

Kaltakquise ist etwas, das jeder Betrieb irgendwann tun muss.
Wie sehr sich unsere Körper auch im Hinblick auf Statur, Gewicht,
Größe, Augen- und Haarfarbe, Geschlecht, Alter, Intelligenz usw.
unterscheiden mögen, müssen sie doch ungefähr die gleichen Dinge tun, um am Leben zu bleiben, zu wachsen und sich zu vermehren. Genauso mögen Betriebe sich hinsichtlich Markt, Metier,
Größe, Wachstumszielen, Kapitalfluss und Praxis unterscheiden,
doch müssen auch sie die gleichen Dinge tun, um am Leben zu
bleiben, zu wachsen und sich zu vermehren. Früher oder hoffentlich (viel) später werden sie auch sterben (nichts währt ewig).

Aber wenn nicht regelmäßig etwas dafür getan wird, die Pipeline
zu erhalten, über die potenzielle Neukunden hineinströmen, dann
wird der unvermeidliche Verlust einiger bestehender Kunden
schließlich zu einem vorzeitigen Tod der Organisation führen. Wenn
Sie mich also fragen, welche Sorte von Firmen Kaltakquise machen
und Fremde kontaktieren müssen, damit diese zu neuen Kunden
werden können, dann ist die Antwort: *Alle* müssen es tun.

Die größten langsam wirkenden Killer großer erfolgreicher Unternehmen sind *Selbstgefälligkeit* und *leeres Gerede ohne Handeln*. In
vielen der Vertriebsbüros, die ich besucht habe und immer noch

besuche, findet man Vertriebsleute mitten am Vormittag an ihren Schreibtischen, die »irgendwas erledigen«. Dieses Irgendwas reicht von E-Mails über Telefonanrufe, Vertriebskonferenzen, Gespräche, das Schreiben von Berichten bis hin zur Essensaufnahme. Aber was man nicht hören kann, ist das Geräusch des Verkaufens. Das Geräusch des Verkaufens mitten am Tag sollte eigentlich das Geräusch der Stille sein. Um zu erklären, warum dies der Fall ist, würde ich Sie gerne 30 Jahre mit zurücknehmen.

## Die nächsten 30 Sekunden werden Ihr ganzes Leben verändern

Ich las diese Worte 1970, und sie haben mein Leben verändert. Die Stellenanzeige mit dieser Überschrift wurde von der Kopiergeräte-Firma Rank Xerox in einer Londoner Zeitung geschaltet; ich bewarb mich. Ein paar Tage später empfing ich einen Umschlag mit einer Visitenkarte. Quer über die Vorderseite stand geschrieben: »Rufen Sie mich an.« Die Karte war von einem Mann, den wir – hier in diesem Buch – Bruce Cantle nennen wollen.

Es war eine ungewöhnliche Einladung zu einem Vorstellungsgespräch, aber ich rief an, ich ging zu dem Vorstellungsgespräch und bekam den Job. Das ist alles, was Sie fürs Erste wissen müssen. Bruce war Bezirksleiter für Rank Xerox in Croydon, Südlondon. Was er und Xerox mir beibrachten, veränderte mein Leben. Und es kann auch Ihres verändern, wenn Sie sich entscheiden, seinem Rat zu folgen. Es funktioniert bei jedem – Sie brauchen es nur zu tun.

Bruce war ein großgewachsener Mann mit schütterem Haar in den Dreißigern mit einer brillanten Erfolgsgeschichte im Vertrieb. Seine äußere Erscheinung war irreführend, weil er aussah und sprach wie ein hochgewachsener Geistlicher. Sobald wir »neuen Jungs« die Xerox-Grundausbildung durchlaufen hatten, wurden wir in unsere Filialen zurückgeschickt, wo wir in verschiedenen Bereichen helfen konnten und weiter lernten, bis ein Vertriebsgebiet frei wurde.

Sobald man in einen Vertreterbezirk berufen wurde, erwarteten sie, dass die wirkliche Arbeit anfing; es war die Firmenkultur, dass keine Beifahrer befördert wurden.

Stufe 1 in unserem Schulungshandbuch war »Selbstorganisation«. Stufe 2 war »Mit der Kaltakquise beginnen«. Da Stufe 2 eindeutig hart sein würde und ein bestimmtes Ausmaß an Vorbereitungszeit erforderte, verbrachten wir alle eine lange Zeit mit Stufe 1. Tatsächlich waren die meisten von uns nach etlichen Tagen immer noch auf Stufe 1. Bruce als »alter Hase« wusste das alles, und er wusste auch, dass die wirklichen Gründe für den weiteren Verbleib auf Stufe 1 mit jedem Tag weniger wurden. Er wartete die Situation ab, bis er dann plötzlich handelte.

Um etwa 11 Uhr vormittags nach gut drei Tagen »Selbstorganisation« tauchte er plötzlich in der Vertriebsetage auf. Sein natürlicher Gang war sehr schnell. Er hatte auch eine sehr aufrechte Haltung beim Gehen, ähnlich wie ein Schwan, was bedeutete, dass sein Oberkörper sehr ruhig blieb, während er sich von der Hüfte abwärts sehr schnell bewegte. Er griff beim nächsten Trainee-Tisch an (meinem, in diesem Fall) und rief schon aus zehn Metern Entfernung in etwas überraschtem Ton: »Bob! ... Bob! ... Warum sind Sie hier?!« Da ich glaubte, dass eine Erklärung von mir erwartet wurde, platzte ich mit dem heraus, was mir als Erstes in den Sinn kam. »Na ja, Bruce, ich bin jetzt mit der Vorbereitung meiner Anrufliste fast fertig. Dann muss ich diesen Brief an diesen Kunden schreiben, der umzieht. Dann muss ich noch mal mein Skript aufpolieren, und dann ...« An diesem Punkt unterbrach Bruce mich, und im Büro wurde es mucksmäuschenstill ... sie wussten, welches spaßige Routineschauspiel nun zu erwarten war.

»Nein, nein, Bob«, sagte er mit seiner freundlich mahnenden Vikarsstimme. »Schwingen Sie keine verdammten Reden! Sehen Sie, Bob (freundlicher Ton), Sie sind ein junger Mann, Sie haben gerade erst in der Geschäftswelt angefangen, und Sie haben etwas sehr Wichtiges noch nicht erkannt. Wissen Sie, was das ist? Sie wissen es nicht? Dann lassen Sie es mich Ihnen sagen: Es-gibt-keine-Kunden-im-Büro! Aber vielleicht glauben Sie ja, es gibt welche. Sollen wir einmal zusammen schauen?«

An diesem Punkt beschattete er seine Augen mit einer Hand im Stil von »ich sehe keine Schiffe«, und mit einem Stirnrunzeln blickte er sich nach allen Richtungen um und sagte: »Nicht, soweit ich sehen kann, nichts, nicht ein Einziger!«

Dann lief er zum Fenster, von dem aus man auf die Hauptstraße hinuntersehen konnte, und rief aufgeregt: »Oh, schauen Sie! Da sind sie! Sie laufen da herum und sitzen dort drüben in diesen Büroblocks! Ihre Geldtaschen sind prall gefüllt. Schnell, nehmen Sie einen Hörer hoch und reden Sie mit denen, bevor jemand anderes es tut.«

Jeder im Büro hatte diese Prozedur schon miterlebt, und es gab das übliche schallende Gelächter. Als es verebbte, lud er mich in sein Büro ein, schloss die Tür und skizzierte das Diagramm, das Sie auf Seite 70 in diesem Buch finden.

## Dumme Führungskräfte verkehren mit anderen dummen Führungskräften

»Verkaufen ist simpel«, sagte er, »doch es ist nicht einfach. Andererseits ist es aber nicht so schwierig, wie viele Ihrer Kollegen in dieser Niederlassung Sie gerne glauben machen wollen. Das Leben, das Sie haben wollen, holen Sie nicht aus diesem Büro heraus. Sie finden es draußen, wo das Geld ist.«

Er zeigte hinaus auf den »Küchenbereich« unserer Niederlassung und fragte mich, ob ich wisse, was das sei. Ich antwortete, dass es offensichtlich »die Küche« sei. »Nein, unglücklicherweise ist es das, was Sie denken sollen«, sagte er. »Ich weiß nicht, warum man Küchen in Bürogebäuden platziert. In Wirklichkeit ist eine Küche eine schlau getarnte Maschine! In anderen Büros wird sie manchmal ›Trinkwasserspender‹, ›Getränkeautomat‹ oder ›Kaffeeküche‹ genannt. Aber wissen sie, was diese Dinger wirklich sind? Nein? Sie alle sind Einrichtungen um das Glück aus einem Büro zu saugen! Denn wenn zwei oder drei Vertriebsleute sich in ihrer Nähe zusammenfinden, und selbst wenn sie bis dahin völlig glücklich waren, beginnen sie so etwas von sich zu geben wie: »»Meine Güte, bin ich erledigt!‹ – ›Ja, ich habe es auch satt.‹ – ›Keiner kauft irgendwas.‹ – ›Die Konkurrenz hat viel bessere Produkte als wir.‹ – ›Die Geschäftsleitung begreift es einfach nicht.‹ – ›Das ist jetzt eine schreckliche Jahreszeit, um zu versuchen, irgend etwas zu verkaufen.‹ – ›Niemand empfängt Vertriebsleute an einem Montag (Dienstag, Mittwoch, Donnerstag, Freitag).‹ –

›Und vergiss nicht, wir haben Juni (Juli, August, September, Oktober, November, Dezember, Januar, Februar, März, April oder Mai), jeder weiß das.‹ – ›Kennst du Bruce (den Chef)? Er ist ein völliger Idiot. Er hat keine Ahnung.‹ – ›Ich überlege ernsthaft, ob ich gehe.‹ – ›Ich habe nächste Woche ein Vorstellungsgespräch.‹ – ›Kann ich dir nicht verübeln. Ich denke selbst daran zu gehen.‹«

Bruce hatte recht. Ich habe inzwischen 35 Jahre für eine Reihe unterschiedlicher Unternehmen gearbeitet, bevor ich mein eigenes Unternehmen gegründet habe. Und hier ist das Erstaunliche: Ich habe es immer geschafft, in all diese Unternehmen zu einer Zeit einzutreten, als sie (wenn man den Leuten Glauben schenkte, die immer im Büro waren oder um die Kaffeemaschine herumlungerten) gerade ihre schwersten Zeiten durchmachten, mit dem schlimmsten Management, den schlimmsten Produkten, den schlimmsten Kunden, den schlimmsten Provisionsplänen und zur schlimmsten Zeit des Jahres, jemals, in der Geschichte ihres Unternehmens. Kaffeeküchen, Wasserspender und Getränkeautomaten haben ganz allgemein etwas an sich, das Enthusiasmus aussaugt.

### Es gibt nur eines, was ansteckender ist als Enthusiasmus: mangelnder Enthusiasmus

Wenn man sich im Büro aufhält, insbesondere irgendwo in der Nähe einer der Unglücks-Generatoren (*Sie werden sie für Ihr Büro zunächst selbst identifizieren müssen, aber ich wette, dass Ihnen mindestens einer einfällt*), ist es leicht, infiziert zu werden und zu einem Teil des Problems zu werden. Also verbringen Sie besser so wenig Zeit im Büro, wie Sie können.

> Das beste Mittel gegen Verzweiflung ist Handeln.
>
> *Joan Baez*

Die Leute, die Geschäfte machen, sind selten im Büro, und wenn sie im Büro sind, dann sind sie am Telefon. Gehen Sie raus – dorthin, wo das Geld ist. Es gibt keine Kunden im Büro oder, wie eine Dame im Publikum echote, als ich dies bei einem Lehrgang sagte: »Ja, wenn man einen neuen Freund sucht, muss man auch raus aus seiner Wohnung!«

> »Der berüchtigte US-Bankräuber Willie Sutton wurde einst von der Polizei gefragt, warum er immer wieder Banken ausraube. Er antwortete: ›Weil da das Geld ist.‹«

### Die infektiösen Schreibtisch-Sitzvögel loswerden

Wenn Ihr Job zu 100% aus Telefonverkauf besteht und Sie immer im Büro sind, hier ein schneller Weg, mit den unvermeidlichen Miesepetern umzugehen. (*Dies ist auch ein nützlicher Tipp für jene Verkäufer, die gelegentlich im Büro sein müssen, also lesen Sie ruhig weiter.*) Wenn Sie auf einen der »infektiösen Menschen« in der Kaffeeküche stoßen, lassen Sie ihn seinen gewöhnlichen Sermon herunterleiern: »Oh Gott, bin ich erschöpft. Dieser neue Manager treibt mich in den Wahnsinn, wirklich! Ich habe das Ganze so satt, ich bin es echt leid. Der Kundendienst, den wir bieten, ist schrecklich, und genauso ist es mit dem Management. Der neue Provisionsplan stinkt, das weißt du so gut wie ich. Niemand hört zu! Ich überlege ernsthaft zu gehen. Es ist einfach lächerlich! Lächerlich! Ich meine, ich verschwende meine Zeit. Wir alle tun das!«

Dann, wenn der Kläger schließlich Dampf abgelassen hat, tun Sie Folgendes: Lächeln Sie, stehen Sie auf, lachen Sie, als wenn Ihnen gerade jemand etwas wahnsinnig Komisches erzählt hätte, und sagen Sie: »Ja, ich weiß, das ist Toll, nicht wahr? Weißt du, du bringst mich echt zum Lachen. Na ja, ich muss weitermachen. Wir reden später!« Dann wenden Sie sich ab und fahren fort mit Ihrer Arbeit. Und jetzt kommt etwas wirklich Witziges: Diese Person wird einige Wochen lang nicht mehr wiederkommen und Sie belästigen. Wissen Sie, warum? Wegen etwas, das Fachleute vor ein paar Jahren herausgefunden haben: Trübsal liebt Gesellschaft. Wenn ein Miesepeter auf einen anderen Menschen stößt, der sich weigert, infiziert zu werden, wird der Miesepeter einfach weggehen. Probieren Sie es aus, und lassen Sie mich wissen, was passiert.

Also, ich wiederhole, verbringen Sie so wenig Zeit wie möglich im Büro, und wenn Sie dort sind, halten Sie sich fern von der Kaffeeküche oder wo immer sich Leute zusammenfinden, um sich über ihr Leben zu beklagen. Wenn Sie ins Büro gehen müssen, arrangieren Sie es so, dass Sie Ihre Kaltakquise sehr früh oder sehr spät am Tag erledigen, also bevor die Nörgler kommen oder nachdem sie gegangen sind (*mehr zur Zeiteinteilung später – hier geht es noch hauptsächlich um Ihre innere Einstellung und Ihr Verhalten*). Gehen Sie nach draußen, so schnell Sie können. Erledigen Sie Ihre Anrufe von daheim, wenn Sie wollen. Oder telefonieren Sie am See im Park (mein persönlicher Favorit). In der heutigen Zeit gibt es dank Mobilfunk kaum noch eine Beschränkung, von wo aus Sie Ihre Kaltakquise betreiben. Für die meisten Verkäufer gilt, dass sie es wirklich nicht vom Büro aus tun müssen.

An der Wand einer sehr erfolgreichen Vertriebsstelle, die ich besuchte, als ich in den USA lebte, befand sich eine große Uhr. Das halbe Zifferblatt war von einem braunen Papier bedeckt, alle Zahlen zwischen 10 Uhr und 16 Uhr waren nicht zu sehen. Der Vertriebsleiter ist inzwischen ein sehr guter Freund von mir, und er hatte die Regel aufgestellt, dass Verkäufer nur im Büro sein sollten, wenn der Stundenzeiger sichtbar war.

Quer über das braune Papier war folgende Erklärung geschrieben: »Wenn Sie Ihr tägliches Soll erreichen wollen, halten Sie sich zwischen 10 und 4 dem Büro fern.« (Und wenn Sie sich nicht vom Büro fernhalten können, bleiben Sie der Küche fern.)

### Sie können keine Zeit sparen – nur vergeuden

Also, was ist mit Ihnen? Sind Sie Herr Ihrer Zeit, oder beherrscht die Zeit Sie? Viele Vertriebsleute, so scheint mir, hetzen von einer Krise zur nächsten. Ich bin eigentlich zu dem Schluss gekommen, dass diese Leute insgeheim einfach nur zu gern »Es brennt!« schreien. »Oh, nein«, stöhnen sie. »Wieder ein dringender Notfall! Das bedeutet, dass ich keine Zeit habe, die wirkliche Verkaufsarbeit zu tun, besonders die Kaltakquise, die ich natürlich liebe« (*na klar!*). Was sie tatsächlich tun, ist, darauf zu hoffen, dass auf magische Weise ein »Glücksfall« eintritt. Einige Verkäufer, die ich kenne, tun dies jeden Tag. Wie überleben sie? Wie kann irgendjemand hoffen, seine Verkaufsziele zu erreichen, wenn er hauptsächlich im Büro zu finden ist und mitten am Tag mit E-Mails, Krisen und Berichten herumkungelt?

In meinen Seminaren verwende ich oft folgende Illustration, um den Leuten wirklich klarzumachen, wie wichtig (lies: absolut grundsätzlich und notwendig im Leben) es ist, sich Zeit für das wirkliche Verkaufen und für die Kaltakquise zu nehmen, und zwar jeden Tag.

Ich sage: »Okay, Zeit für ein Quiz« und ziehe ein altmodisches Einmachglas hervor. Es ist ein sehr großes Ding mit großer Öffnung, und ich stelle es auf den Tisch vor mir. Dann hole ich etwa ein Dutzend große Kartoffeln hervor und lege sie sorgfältig, eine nach der anderen, in das Glas. Wenn das Glas bis zum Rand gefüllt ist und keine weiteren Kartoffeln mehr hineinpassen, frage ich: »Ist das Glas voll?« Jeder im Seminar schreit: »Ja!«

Im Stil eines Rummelplatz-Schmierenkünstlers sage ich dann: »Wirklich?« Dann greife ich unter den Tisch und hole eine Packung mit geschälten Erdnüssen hervor. Ich werfe einige der Erdnüsse hinein und schüttle das Glas, wodurch die Erdnüsse ihren Weg nach unten in die Räume zwischen den großen Kartoffeln finden. Ich frage die Gruppe dann noch einmal: »Ist das Glas voll?«

Jetzt folgt die Klasse mir. »Vermutlich nicht!«, antwortet immer einer.

»Gut!«, sage ich. Wiederum greife ich unter den Tisch und ziehe einen Becher mit ungekochten weißen Bohnen hervor. Ich beginne, sie in das Glas zu streuen, und sie rollen in die Zwischenräume, die zwischen den Kartoffeln und den Erdnüssen übrig sind. Wiederum stelle ich die Frage: »Ist das Glas voll?« – »Nein!«, ruft die Gruppe.

Wiederum sage ich: »Gut.« Dann greife ich mir eine Packung feinkörnigen Zucker und gieße ihn bis zum Rand ins Glas. Dann, nach einer angemessenen Pause, sehe ich die Teilnehmer an und frage: »Was ist der Sinn dieser Illustration?«

Ein Schlauberger springt immer auf und führt selbstsicher aus: »Der Sinn ist, egal wie voll dein Tag ist, wenn du dir wirklich Mühe gibst, kannst du immer noch mehr Sachen reinpacken!« –

»Ganz und gar nicht«, sage ich, »das ist nicht der Punkt, den ich hier aufzeigen will. Die Wahrheit, die diese Illustration uns lehrt, ist diese: Wenn du die großen Kartoffeln nicht zuerst hineingibst, wirst du sie überhaupt nicht hineinbekommen.«

Also, welches sind die »großen Kartoffeln« in Ihrem Berufsleben? Ich bin sicher, ich muss Ihnen das nicht sagen, aber Kaltakquise/Neukundenwerbung/Kontaktieren neuer Auftraggeber, wie auch immer Sie es nennen wollen, ist eine davon. Denken Sie daran, diese großen Kartoffeln zuerst ins Glas zu geben, Tag für Tag, ansonsten werden Sie sie gar nicht mehr hineinbekommen. Und dann werden Ihre Kunden, diejenigen, die gewöhnlich wiederkommen, anfällig sein für Leute wie mich, die sie Ihnen wegnehmen werden. Also, heute Abend, oder am Morgen, wenn Sie noch einmal über diese kurze Geschichte nachdenken, stellen Sie sich diese Frage: Welches sind morgen die »großen Kartoffeln« in meinem Berufsleben? Dann legen Sie diese zuerst ins Glas.

Zeit ist die einzige Sache auf der Welt, von der jeder jeden Tag die gleiche Menge hat. Das einzige Unterscheidungsmerkmal zwischen Verkäufern, die erfolgreich sind, und jenen mit durchschnittlichen oder schwachen Leistungen ist die Nutzung dieses identischen Zeitkontingents.

> »Keiner von uns hat genug Zeit, aber wir alle haben alle Zeit, die es gibt.«

Es gibt einige Dinge, die Sie selbst tun können und die Ihnen beim effektiveren Zeitmanagement helfen. Zeitmanagement ist für Vertriebsleute eine bewusste Entscheidung. Zuerst einmal müssen Vertriebsleute – aber besonders Sie als »Kaltakquise-Angsthase« – *entscheiden*, was wichtig ist, und dann rund um diese Dinge ihren Verkaufstag planen. Wenn Sie das nicht tun, werden Sie sehen, dass Sie Ihren Tag mit absolut nichts vertrödeln. Der Schlüssel ist, bereits am Vortag die Initiative zu ergreifen. Lungern Sie nicht herum und lassen Sie nicht die Zeit ihre Ansprüche an Sie stellen – setzen Sie sich selbst die Kapitänsmütze auf und entscheiden Sie, wie Sie den morgigen Tag angehen. Was sind Ihre Ziele für diesen Tag? Was wollen Sie erreichen? Was ist wirklich wichtig für Sie? Wie müssen Sie handeln, damit diese Dinge passieren? Und wenn es nur eine einzige Handlung ist, sollte es eine sein wie in der folgenden Geschichte beschrieben.

---

### Alle Zeit der Welt

Ich sah den alten Dieb, Vater Zeit,
Wie er die Straße herunterstrolchte.
Er hatte einen Sack auf seinem Rücken,
Verlorene Minuten waren seine Last.
Er öffnete ihn und zeigte mir
Nicht einzelne Minuten, sondern
Stunden, Jahrzehnte und ein Jahrhundert
Oder mehr von verlorenen Minuten.
»Ich will ein Jahr kaufen«, sagte ich.
»Und ich werde dich gut bezahlen.«
»Wenn es auch pures Gold wäre,
Dir würde ich nichts verkaufen,
Denn ich habe Jahre gestohlen von Königen,
Von Milton, Shakespeare, Bach.
Wie solltest du solch wertvolle Dinge kaufen können?
Dein gewöhnliches Gold ist wertlos.«
Er schnürte seinen Sack und sagte: »Lebewohl,
Junger Mann, ich habe meinen Lohn.«
Denn während ich versuchte, ihm Zeit abzukaufen,
Stahl er mir eine Stunde.

*Anonym*

---

Anfang des 20. Jahrhunderts bat Charles Schwab, der amerikanische Bankier, Ivy Lee, einen der Begründer der modernen Public Relations, ob er ihm helfen könne, seine Zeit effektiver zu nutzen. Lee verbrachte eine Woche mit Schwab und seinen Mitarbeitern und beobachtete während dieser Woche, wie alle ihre Zeit nutzten. Es gab viele laufende Projekte, und jedes hatte seine aktuelle »To do«-Liste mit damit verbundenen Aktivitäten. Am Ende der Woche, so wird berichtet, habe er Schwab eine einzige entscheidende Empfehlung gegeben. Schwab bedankte sich bei Lee und fragte ihn nach seinem Honorar. Lee antwortete: »Bezahlen Sie mir jetzt nichts, aber versprechen Sie mir, dass Sie und all Ihre Mitarbeiter meine Empfehlung 30 Tage lang beherzigen werden. In einem Monat, von heute an, zahlen Sie mir das, was mein Ratschlag Ihrer Meinung nach wert ist.« Schwab stimmte zu, und am Ende des Monats stellte er Lee einen Scheck über 35 000 US-Dollar aus. Also, was war das für ein Ratschlag, der im frühen 20. Jahrhundert diese hohe Summe Geld wert war? Ganz einfach: *Schreiben Sie Ihre tägliche ›To-do-Liste‹, in der sechs Aufgaben Priorität haben, aber machen Sie es immer am Abend vorher.*

Warum am Abend vorher? Warum nicht als Erstes am Morgen oder sogar im Tagesverlauf, wenn die Dinge tatsächlich anstehen? Es scheint, dass es nicht halb, ja nicht einmal ein Viertel so effektiv ist, die Liste zu einer anderen Zeit als unmittelbar vor dem Zubettgehen zu machen. Ein Freund von mir, der Gehirnchirurg und Psychologe ist (Sie sehen, ich mische mich in gehobene Kreise!), behauptet, dass die »Vorabendliste« tatsächlich vom Gehirn durchgegangen wird, während man schläft. Selbst im Schlaf filtert und bewertet unser Unterbewusstsein alle Informationen, die es während der letzten zwölf Stunden bekam, und beginnt sogar damit, einige der Probleme und Herausforderungen zu bearbeiten und Antworten darauf zu finden. Das alte Sprichwort, man solle »eine Nacht darüber schlafen«, scheint also doch eine vernünftige Grundlage zu haben. Also lohnt es sich, Ihr Gehirn locker arbeiten zu lassen, während Sie sich ausruhen und dankbar sind, dass es Sie nicht wie Charles Schwab 35 000 Dollar gekostet hat, das herauszufinden.

Seine To-do-Liste am Vorabend zu schreiben (da ich herausgefunden habe, dass ich sowohl ein Kaltakquise-Angsthase als auch eine natürlicherweise völlig unorganisierte Person bin) ist eine extrem nutzbringende Methode, jeden Tag zu planen und beständig Fortschritte zu machen. Dies sind die Stufen:

1. Bevor Sie abends zu Bett gehen, listen Sie die verschiedenen Dinge auf, die Sie morgen gern erledigt haben möchten.
2. Räumen Sie den wichtigsten sechs Posten auf Ihrer Liste Vorrang ein (siehe Tabelle unten).
3. Am nächsten Tag betrachten Sie die Liste und beginnen mit Aufgabe Nummer 1.
4. Erledigen Sie die erste Aufgabe auf der Liste. Sobald sie erledigt ist, streichen Sie sie durch und gehen zum zweiten Posten über.

5. Fahren Sie so fort, bis die ersten sechs Aufgaben auf Ihrer Prioritätenliste vom Vorabend erledigt sind. Dann bemühen Sie sich, so viel vom Rest der Liste zu erledigen, wie Sie können.

6. Lenken Sie sich nicht ab. Die wichtigsten sechs Punkte sind diejenigen, die Sie erledigen müssen, um Ihre Ziele zu erreichen. Die Posten nach Nummer 6 können unerledigt bleiben.

7. Am Abend stellen Sie in genau dieser Weise eine Liste für den nächsten Tag auf. Einige Posten werden vielleicht von der heutigen Liste auf die morgige übertragen und nach Prioritätsbestimmung morgen auch nicht erledigt werden können. Was zu der Überlegung führt, ob sie überhaupt so wichtig sind.

Realistisch gesehen ist dieser ganze Zeitmanagement-Ratschlag kein absolutes Wundermittel. Spielt man immer eine maßgebliche Rolle, hat eine Entscheiderposition inne und kann die Initiative ergreifen? Natürlich nicht. Es *tauchen* immer wieder unvorhergesehene Ereignisse auf. Oft *muss* ein Termin eingehalten werden. Aber man kann die Anzahl der unvorhergesehenen Ereignisse, in denen man nicht agiert, sondern re-agiert, durch vorausschauendes Denken und Planen einschränken – indem man die *Initiative* ergreift.

Selbst das oben umrissene Zeitmanagement-Instrument wird nicht bei jedem immer funktionieren. Stattdessen müssen Sie entscheiden, was bei Ihnen am besten funktioniert, was Ihnen persönlich genau jetzt hilft. Müssen Sie Ihre Zeitplanung verbessern? Effizienter Prioritäten setzen? Ist Ihre Produktivität morgens am größten? Versuchen Sie, ein komplettes Projekt auf einmal zu erledigen, anstatt es sich in überschaubare Häppchen aufzuteilen? Was wird bei Ihnen funktionieren, jetzt?

Beim Entwickeln Ihrer persönlichen Methode, Ihren Tag aufzuteilen und zu planen, kann Ihnen vielleicht das Studium der Kästen in der Tabelle auf der nächsten Seite von Nutzen sein. Im Verlauf des Tages können wir die meisten unserer Aktivitäten entweder als wichtig, dringend, wichtig – aber nicht dringend oder dringend – aber nicht wichtig definieren.

# Zeitpriorisierungstabelle für Kaltakquise-Angsthasen

| Wichtige Aufgaben (die großen Kartoffeln) | Dringende Aufgaben (die weißen Bohnen) |
|---|---|
| Kaltakquise – 7.45 Uhr bis 9.15 Uhr.<br><br>Persönliche Verkaufsgespräche – 10.00 Uhr bis 12.30 Uhr und 13.30 Uhr bis 16.00 Uhr<br><br>Kaltakquise – 17.30 Uhr bis 18.15 Uhr<br><br>Gehen Sie während der Zeit mit *wichtigen Aufgaben* nicht ans Handy, verschicken Sie keine Nachrichten. Schalten Sie das Handy aus! | Unerwartete Dinge – 9.15 Uhr bis 10.00 Uhr und 16.00 Uhr bis 17.00 Uhr<br><br><br><br><br><br>Sie können Ihr Handy während der Zeit der *dringenden Aufgaben* anschalten. |
| **Wichtige, aber nicht dringende Aufgaben (die Erdnüsse)** | **Dringende, aber nicht wichtige Aufgaben (der Zucker)** |
| 12.30 Uhr bis 13.30 Uhr – Mittagessen (und vielleicht ein wenig Kaltakquise?)<br><br>17.00 Uhr bis 18.30 Uhr – Berichte, Zusammenkünfte, Anregungen, E-Mails, Gespräche mit dem Chef<br><br>(Plus Wochenenden, wenn nötig, für die gelegentliche Kaltakquise – Sie werden erstaunt sein, wen Sie alles erwischen!) | Diesen Zeitdieben ist keine Zeit zugeordnet: Telefonate mit Familienangehörigen und Freunden, Plaudereien in der Kaffeeküche oder am Getränkeautomaten, 80 % der E-Mails und die meisten Textbotschaften. |

Die wichtige Arbeit für Kaltakquise-Angsthasen besteht aus all den zentralen Dingen, die in den Wichtig-Kasten gehören. Dies sind die großen Kartoffeln im Glas unseres vorherigen Seminarbeispiels. Egal, was sonst noch passiert, Sie müssen die Zeit finden, um diese zu erledigen. (*Übrigens, wenn Sie davon nicht wirklich überzeugt sind, können Sie dieses Buch ebenso gut in den Papierkorb werfen – dies ist der Kern Ihres Verkaufserfolgs, immensen Reichtums und all dessen, was Sie immer wollten, doch wenn Sie das nicht sehen, nun, wie Sie wollen.*) Für jeden, der mit Verkauf zu tun hat, haben die wichtigen Posten auf der Liste damit zu tun, die Anzahl von Kontakten mit bestehenden und potenziellen Kunden zu maximieren. Also gehören in diesen Kasten mit wichtigen Aufgaben folgende Aktivitäten: *Kaltanrufe* bei Leuten, mit denen sie nie zuvor gesprochen haben. *Warmanrufe* bei früheren und gegenwärtigen Kunden, mit denen Sie eine Weile nicht gesprochen haben, sowie bei Leuten, die sich danach erkundigt haben, mit Ihnen Geschäfte zu machen. Und *persönliche Kontakte* mit Leuten, mit denen Sie einen Termin vereinbart haben. In den für diese Aktivitäten reservierten Kernzeiten müssen Sie sich unter Ausschluss aller anderen Aktivitäten ganz darauf konzentrieren. Wenn Sie, wie ich, ein Zauderer sind, dem es schnell so ergeht, dass Erdnüsse, Bohnen und Zucker den Raum füllen, der eigentlich für die hochwichtigen Kartoffeln da sein sollte, sind hier ein paar Dinge, die Sie tun können, um sicherzugehen, dass die Kartoffeln nicht außen vor bleiben.

1. Denken Sie vorher nicht zu viel über die Aufgabe nach.
2. Dass Sie etwas nicht tun wollen, sollte für Sie keine Entschuldigung dafür sein, es nicht zu tun.
3. Sagen Sie sich, dass Sie sich endgültig entschließen, wenn es soweit ist.
4. Beginnen Sie, wenn auch nur für 10 Minuten.
5. Stellen Sie sich vor, wie Sie sich heute um 17 Uhr fühlen, wenn Sie nicht den Mut hatten, es zu tun.
6. Stellen Sie sich vor, wie zufrieden Sie heute um 17 Uhr sein werden, wenn Sie es wirklich getan haben.

Also, wie viele kalte oder warme Anrufe müssen in den wichtigen Teil Ihres Arbeitstages eingebaut werden? *Als Grundregel für die meisten Geschäftsfelder, mit denen ich zu tun habe, sollte die Mehrheit von Ihnen, die dieses Buch lesen, ein absolutes Minimum von 10 Anrufen pro Tag oder 50 pro Woche einplanen.*

Ich weiß, es wird unter Ihnen einige geben, die mir jetzt sagen, dass ihr spezieller Job viel mehr Anrufe erfordert und es in manchen Fällen 70 Anrufe oder noch mehr pro Tag sein können. In einigen reinen Telemarketing-Büros kann die tägliche Vorgabe bei weit über 100 liegen. Aber oft bitte ich Verkaufsleute aus ganz verschiedenen Geschäftskulturen, mir ganz ehrlich zu sagen, wie viele Kaltanrufe sie wirklich tätigen. Die Zahlen, die ich bekomme, liegen gewöhnlich zwischen null und fünf *pro Woche!*

Die von mir empfohlene Zahl ist keine Zielvorgabe für Sie. Es ist das »absolute Minimum« für jeden von uns. Die Wahrheit ist, wenn Sie kein absolut brillanter Kaltakquisiteur sind (und da Sie dieses Buch lesen, schätze ich, wissen Sie, dass Sie daran noch arbeiten müssen), wird ein Anruf pro Tag Sie nicht dahin bringen, wohin Sie wollen.

Ich habe neulich an einem Seminar in London teilgenommen, das von dem Mann abgehalten wurde, der eine der weltweit führenden Ketten von Sushi-Bars gegründet hat. Er erzählte den Zuhörern, dass er vor zehn Jahren, als er sein Unternehmen aufbaute, durch seine Kaltakquise-Misserfolge bei Vermietern und potenziellen Geldgebern, deren Kooperation er für seinen Erfolg brauchte, sehr entmutigt war. Am Ende entdeckte er einen wunderbaren Weg, Kaltanrufe zu machen. Anstatt zu versuchen, bei jedem Anruf Erfolg zu haben, machte er »sechs Ablehnungen pro Tag« zu seiner täglichen Zielvorgabe. Durch diese Schwerpunktverlagerung begann sich sein Blatt zu wenden. Er hatte eine allgemeingültige Wahrheit entdeckt, die in Ihrem und meinem Fall die Kaltakquise mit einschließt. Sie lautet: Wie schlecht Sie auch darin sein mögen, die Kaltakquise-Technik anzuwenden, wenn Sie einfach immer weitermachen, werden Sie entdecken, dass nicht *jeder* »nein« sagt. Wie jede erfolgreiche Person herausgefunden hat, hört man auf dem Weg zu seinen Lebensträumen viel häufiger »nein« als »ja«. Also verbringen Sie Ihre tägliche Zeit der wichtigen Aufgaben damit, viele weitere »neins« einzuholen, wenn Sie wirklich den Wunsch haben, erfolgreich zu sein.

Der Kasten wichtig – aber nicht dringend (für die Erdnüsse) hat die nächste Priorität. In diesem Kasten befinden sich all die anderen Dinge, die Sie im Vertrieb tun müssen: die Teilnahme an internen Zusammenkünften (eingeschlossen Vertriebskonferenzen), das Verfassen von Angeboten, das Schreiben von E-Mails und Briefen an Kunden, die Planung Ihrer Termine und all das andere Zeug, das getan werden, aber keine »Kernverkaufszeit« einnehmen muss. Für die meisten im Vertrieb Tätigen gilt, dass diese Aufgaben zu Beginn und gegen Ende des Arbeitstages erledigt werden sollten, *nicht* genau in der Mitte – und ja, manchmal sogar an den Wochenenden! Horror! Aber hey, so etwas wie einen »wirklich erfolgreichen Teilzeitmenschen« gibt es nicht, also zählen Abende und Wochenenden ebenfalls. Im Verkauf werden wir für das bezahlt, was wir wert sind, und nicht für unsere Arbeit zwischen 9 und 17 Uhr! (Nun ja, Sie sagten doch, Sie wollten erfolgreich sein!)

Der Dringend-Kasten (für die weißen Bohnen) ist für das Handling und die Brandbekämpfung von plötzlich auftretenden Krisen bestimmt. Aber Sie müssen Ihre Verfügbarkeit dafür unter Kontrolle halten. Wenn Sie eine Entschuldigung wollen, nicht die wichtige Arbeit tun zu müssen, dann lassen Sie sich weiterhin von den dringenden Dingen beherrschen. Mit anderen Worten: Gehen Sie ans Telefon, wann immer es klingelt; seien sie zu allen Zeiten sichtbar und verfügbar im Büro, besonders wenn Ihr Abteilungsleiter nach jemandem Ausschau hält, an den er einen Notfall delegieren kann; bieten Sie an, sich mit jedem Problem zu beschäftigen, das bei der Arbeit im Laufe eines Tages aufkommt, von der kaputten Kaffeemaschine bis hin zur Bestellung eines Installateurs für die Instandsetzung der verstopften Toilette. Lassen Sie sofort alles stehen und liegen, um einem Kunden ein neues Benutzerhandbuch ans andere Ende der Stadt zu bringen ... Ich versichere Ihnen, dass jeder von uns mit Leichtigkeit einen Tag mit all diesem »dringenden« Kram füllen kann. Wie C. Northcote Parkinson in seinem Buch *Parkinsons Gesetz und andere Untersuchungen über die Verwaltung* damals in den Fünfzigern schrieb: »Arbeit dehnt sich in genau dem Maß aus, wie Zeit für ihre Erledigung zur Verfügung steht.« Tatsächlich kann man keine bestimmten Aktivitäten in diesen Kasten füllen, sondern es sind Dinge, die irgendwann erledigt werden müssen im Laufe des Tages ... heute! Also reservieren Sie sich dafür, um die Kontrolle zu behalten, sagen wir drei Mal am Tag, jeweils um 9 Uhr, 13 Uhr und 17 Uhr, eine halbe Stunde Zeit.

Außerhalb dieser Zeiten aber sollten Sie sich selbst geloben, keine Anrufe entgegenzunehmen, weder Handy- noch Festnetzanrufe, und sich irgendwo zu verstecken, außer Sichtweite für jeden, insbesondere für Ihren Vorgesetzten. Sie werden sich wundern, wie viel Zeit dies für Sie freisetzt!

Und schließlich der Kasten dringend – aber nicht wichtig (für den Zucker), der in jede Ecke eindringt und sehr schnell das Glas (Ihren Tag) bis zum obersten Rand füllen kann, ohne auch nur den kleinsten Raum für die Bohnen, die Erdnüsse oder gar die Kartoffeln zu lassen. Das Zeug in diesem Kasten ist der größte Zeitdieb von allen. Ich habe einmal eine Fernsehshow namens *Family Fortunes* (in Deutschland unter dem Titel *Familien-Duell* bekannt geworden) gesehen. Darin wurde die Frage gestellt: »Was wird hauptsächlich in Büros gestohlen?« Die Antwort war nicht Papier, Stifte, Notizblöcke oder Heftklammern, sie lautete *private Anrufe!* »Nein, ich werde meine Schwester in Florida lieber nicht von zu Hause aus anrufen. Ich mache das vom Büro aus, da kostet es nichts!«

Was noch hinzukommt, ist die schiere Banalität und Endlosigkeit der Anrufe. In meiner Eigenschaft als unabhängiger Verkaufstrainer habe ich oft die Gelegenheit, in Verkaufsbüros zu sitzen, anonym, an einem freien Schreibtisch, und einigen der ziellosen Konversationen am Telefon zuzuhören. Sie kommen niemals einfach auf den Punkt, sondern gehen weiter und immer weiter, eine halbe Stunde lang jeweils, und es geht um nichts: »Ja, wir sind am Freitag in dieses neue Restaurant gegangen, ich hatte die Shrimps, und John hatte ein Steak, aber er mochte die Sauce eigentlich nicht. Dann hat der Wirt gesagt ... dann habe ich gesagt ... dann sagte er ... also sind wir ... dann habe ich ... dann hat sie ... also das war echt ein ruinierter Abend. Dann am Samstag ... er ging, um Squash zu spielen, aber als wir da ankamen ...« Und so weiter, und so weiter, und so weiter. Dann gibt es da noch das Szenario: »*Ich geh mal eben Kaffee holen, will jemand einen?*« ... »*Oh, du holst Kaffee? Da komme ich mit, ich muss nämlich eben zur Post reinspringen, um diesen Brief aufzugeben. Und die Aufträge werde ich erledigen, wenn es ruhig ist.*« Die Auswirkung davon, seinen Tag mit dringenden, aber unwichtigen Dingen zu vergeuden, mein lieber Kaltakquise-Angsthasen-Kollege, ist, dass Sie sich damit jede Chance, Ihre Träume zu verwirklichen, völlig zunichte machen. Bleiben Sie so sehr »Angsthase«, wie Sie wollen, aber denken Sie daran, dass Sie den heutigen Tag, wenn er vorüber ist, nicht mehr zurückholen können.

## Aktionsplan für Ihre Zeit

Da es keine Zeitmanagement-Instrumente gibt, die bei jedem zu jeder Zeit funktionieren, helfen Ihnen vielleicht einige der folgenden Tipps bei der Suche nach geeigneten Hilfsmitteln:

- Lernen Sie, »nein« zu sagen.
- Delegieren Sie, wenn möglich.
- Lassen Sie Papierkram und E-Mails sich nicht anhäufen.
- Fragen Sie sich: Was ist mein Ziel für den heutigen Tag?
- Setzen Sie Ihre Effektivität an die erste Stelle.
- Teilen Sie jede Arbeit in mundgerechte Häppchen. Zögern Sie die Arbeit nicht hinaus, weil nicht alles auf einmal geschafft werden kann.
- Finden Sie heraus, welches Ihre Zeitverschwender sind, die »dringenden, aber nicht wichtigen Dinge«. Und beschließen Sie, diese zu eliminieren.
- Reservieren Sie in Ihrem Terminplan spezielle, begrenzte Zeiten für die Beschäftigung mit dringenden Dingen.
- Retten Sie Ihre geistige Gesundheit, indem Sie erkennen, dass es nicht möglich ist, allen Leuten immer zu gefallen.
- Stellen Sie sicher, dass Sie die im Pareto-Prinzip enthaltene Wahrheit verstehen (siehe unten).

## Das Pareto-Prinzip

Im späten 19. Jahrhundert bemerkte ein italienischer Ökonom namens Vilfredo Pareto, dass 80% von allem Geld und Besitz 20% der Bevölkerung gehörten. Seine Gleichung, die oft als »80/20-Regel« oder »Pareto-Prinzip« bezeichnet wird, scheint für eine Menge von Dingen zu gelten: 20% der Leute geben 80% der Beschwerden ab; 20% der Top-Verkaufsleute bringen 80% der Verkäufe ein; 80% unserer Zeit werden auf 20% der Aufgaben verwendet.

Um Ihre Zeit effektiv zu managen, müssen Sie jene Dinge aufspüren und benennen, welche die größten Brocken Ihrer Zeit verschlingen. Sie müssen wissen, welche dies sind, und Sie müssen wissen, wie wertvoll sie für das sind, was Sie tun. Schauen Sie sich Ihre tagtägliche Routine einmal mit dem Pareto-Prinzip im Hinterkopf an und schauen Sie, was Sie finden. Stellen Sie in Zukunft sicher, dass Sie Ihre Zeit auf lohnende Dinge verwenden!

## Check-up

*Sind Sie Herr über Ihre Zeit, oder beherrscht die Zeit Sie? Eine einfache »Ja«- oder »Nein«-Antwort wird Ihnen helfen, das herauszufinden.*

1. Ich muss oft auf Krisen reagieren oder Feuer löschen.
2. Ich nehme mir keine Zeit, um im Voraus zu planen und Prioritäten festzulegen.
3. Wenn ich »pünktlich« Schluss mache mit der Arbeit, fühle ich mich schuldig wegen der Dinge, die unerledigt geblieben sind.
4. Ich habe Schwierigkeiten damit, Familie und Freunden so viel Zeit und Energie zu widmen, wie ich das gern tun würde.
5. Sogar wenn ich zu Hause bin, fällt es mir schwer, abzuschalten und nicht mehr über die Arbeit nachzudenken.
6. Ich bin oft in Kleinigkeiten und »Geschäftigkeit« verstrickt.
7. Ich habe nicht genügend Zeit für Aktivitäten, die meine berufliche Reputation aufbauen.
8. Meinen Kopf gerade so über Wasser zu halten, das ist alles, worauf ich hoffen kann.
9. Ich habe Schwierigkeiten, ein Zeitmanagement-System zu finden, das für mich gut funktioniert.
10. Es sind oft dieselben wenigen Probleme oder Leute, die einen Löwenanteil meiner Zeit beanspruchen.

Die Antwort »Ja« auf eine oder zwei von diesen Aussagen deutet vermutlich auf Schwierigkeiten im Zeitmanagement. Nehmen Sie sich jetzt etwas Zeit und planen Sie im Voraus.

## Ihre Zeitkalkulation

Sich während des Arbeitstages keine Sorgen um Zeitverschwendung zu machen ist gleichbedeutend mit Selbsttäuschung. Die meisten Verkäufer lieben Selbsttäuschung. Im Geheimen vertrauen sie darauf, einen schnellen Dollar zu machen! Aber erfolgreich und wohlhabend zu werden ist etwas, das die überwältigende Mehrheit von erfolgreichen und wohlhabenden Vertriebsleuten erreicht hat, indem sie eine Stunde nach der anderen gearbeitet haben, von Woche zu Woche und von Monat zu Monat. Ich möchte gern, dass Sie genau jetzt einmal schnell ausrechnen, was Ihre eigene Zeit kostet.

Ich werde Ihnen gegenüber fair sein und davon ausgehen, dass Ihnen nach Abzug von vier Wochen bezahltem Urlaub plus Feiertagen noch 47 Arbeitswochen pro Jahr bleiben. Jeden Tag arbeiten Sie von 8 Uhr bis 18 Uhr mit einer einstündigen Mittagspause (neun Arbeitsstunden), was sich auf 45 Stunden pro Woche oder 2256 Stunden pro Jahr addiert.

Also, nun schreiben Sie auf, welche Geldsumme Sie in den nächsten 12 Monaten verdienen möchten. (*Im nächsten Abschnitt des Buches werden wir die Wichtigkeit, sich selbst herausfordernde Ziele zu setzen, näher beleuchten, also sorgen Sie dafür, dass Ihr finanzielles Ziel für das kommende Jahr sowohl realistisch als auch herausfordernd ist.*)

Mein jährliches Einkommensziel ist x €.

Teilen Sie diese Zahl durch die Zahl der Jahresarbeitsstunden.

Jährliches Einkommensziel x € ÷ 2256 = x € jede Stunde.

Wöchentliches Einkommensziel = Ihre Arbeitsstundenzahl × 47

Aber das ist nicht das Ende Ihrer Rechnung, weil wir natürlich nicht jede Minute in jeder Stunde in jeder Woche verkaufen. Einige Arbeitszeit, wie in der früheren Tabelle gezeigt, wird unvermeidlich mit untergeordneten Aktivitäten verbracht, die in den Aktivitätenkästen dringend und wichtig – aber nicht dringend gezeigt sind. Also ist es notwendig, zwischen diesen anderen Aktivitäten und den auf Überzeugung zum Kauf zielenden Aktivitäten im Wichtig-Kasten zu unterscheiden; diese, wovon ein bedeutender Prozentsatz aus Kaltakquise besteht, sind die Aktivitäten, für die Sie wirklich bezahlt werden.

Blicken Sie zurück auf die letzten fünf Arbeitstage. Wie viele Stunden und Minuten haben Sie sich wirklich darum bemüht, Kunden und potenzielle Neukunden zu einer Zusage zu bewegen? Führen Sie sich nicht selbst an der Nase herum – wenn es nur Höflichkeitsbesuche bei bestehenden Kunden waren, zählen sie nicht.

Was Sie als Nächstes tun müssen, ist, Ihr Wochenziel durch jene Stunden der tatsächlichen Verkaufszeit zu teilen.

Wöchentlich x € ÷ x Stunden wirklicher Verkaufszeit = x €

Das ist Ihr gegenwärtiger und echter Stundenlohn im Verkauf – machen Sie sich keine Sorgen, wenn Sie geschockt sind von dieser Zahl. Wenn wir den Stundenlohn im Verkauf berechnen, kommt bei den meisten Verkaufsleuten oft ein Betrag von 1000 Dollar, 3000 Dollar oder 5000 Dollar heraus. Das sind Stundenlöhne, die von Gehirnchirurgen und Spitzenanwälten verdient werden.

Dies sollte Sie ermutigen, keine weitere einzelne Minute der Zeit aus dem Wichtig-Kasten zu verschwenden. Besonders die minimal zwei Stunden täglich nicht, die Sie für die Kaltakquise reservieren sollten! Jede dieser beiden Stunden, in denen Sie jemanden zum Kauf überzeugen, ist zwischen 1000 Dollar und 5000 Dollar wert. Lassen Sie sich nicht durch all den dringenden Papierkram, die E-Mails, Konferenzen, Diskussionen und anderen Routinekrempel täuschen; das alles sind Erdnüsse, weiße Bohnen und Zucker! Alles, mit Ausnahme der Zeit, die Sie mit Überzeugen verbringen, sind Unkosten. Sie müssen sich vorbereiten, so viel Sie können, aber diese Vorbereitungszeit bringt Ihnen kein Geld ein. Die Kaltakquise stößt den Geldgewinnungskreislauf an, der Ihnen die Dinge ermöglicht, die Sie haben wollen.

### Gehört, aber nicht gesehen werden

Der letzte Teil dieser Lektion beschäftigt sich mit etwas, das Sie als Kaltakquise-Angsthase sehr ernsthaft bedenken und woran Sie arbeiten sollten. Sehen Sie, »ein paar Worte vom Skript ablesen«, das klappt bei der Kaltakquise nicht und auch nicht bei jeder anderen Form verbaler Kommunikation. Wenn Sie einer anderen Person gegenüberstehen, können Sie nicht anders, als mit ihr zu kommunizieren. Der Prozess beginnt lange bevor Sie den Mund aufmachen und tatsächlich die Worte aussprechen, die sich in Ihrem Kopf gebildet haben. Wenn Sie die andere Person sehen und sie Sie sehen kann, leiten Sie beide jeweils mehr als 55 % Ihrer Wahrnehmung voneinander von Ihrer gegenseitigen Körpersprache ab. Der nächstwichtige Faktor ist nicht das, was Sie sagen, sondern der Tonfall Ihrer Stimme. In der Tat macht der Klang Ihrer Stimme weitere 35 % der Wahrnehmung einer anderen Person aus. Also machen Körpersprache und Tonfall zusammen erstaunliche 90 % der menschlichen Kommunikation aus und lassen nur 10 % für die Worte selbst übrig.

Während eines Kaltanrufs kann die Person am anderen Ende der Leitung Sie nicht sehen. Aber sie kann Sie hören. Und es ist die Art, wie Sie die Worte aussprechen, in Kombination mit dem Tonfall Ihrer Stimme, die die andere Person mehr als der wirkliche Inhalt Ihrer Verkaufsbotschaft beeinflussen wird. Wenn Sie telefonieren, hängt der Erfolg Ihres Anrufs zu 80 % vom Tonfall Ihrer Stimme ab.

Darüber hinaus, wenn Sie zuhören, wie die Person am anderen Ende der Leitung auf Sie reagiert, wird Ihnen das mehr als alles andere etwas darüber sagen, was sie denkt und wie sie Informationen verarbeitet. Diese besondere Fähigkeit werden Sie als erfahrenerer Kaltakquisiteur entwickeln, aber es lohnt sich, diese verräterischen Angewohnheiten einmal näher zu untersuchen, und wir werden dies vor dem Ende dieser Lektion tun.

### Erstens: wie Sie sagen, was Sie sagen

Das Wichtigste hier ist, dass Sie daran arbeiten, dass Ihre Stimme »dialogorientiert« bleibt. Dies klingt vielleicht einfach, aber wenn Sie Notizen verwenden oder sogar einen Werbetext vorlesen, kann es unglaublich schwer sein. Besonders wenn Sie die genauen Worte, die Sie sagen wollen, auf einem Blatt Papier notiert haben, und Sie nicht sonderlich erfahren sind, werden Sie vermutlich merken, dass Sie eine Tendenz haben, gegen Ende jedes Satzes Ihre Stimme zu senken.

Der Effekt ist, dass, während Sie jede Zeile vorlesen, Ihre Stimme sich senkt und mit einem Ausrufezeichen endet! Natürlich ist das nicht die Art zu reden, wenn wir uns unterhalten, sondern das ist, was normalerweise passiert, wenn wir vorlesen! Besonders offensichtlich wird es, wenn ein Call-Center-Kaltakquisiteur Sie zu Hause kontaktiert und versucht, Sie dazu zu bringen, Ihren Erdgaslieferanten zu wechseln! Das unpersönliche Gefühl, das sich uns dabei mitteilt, ist ein großes Stück weit der Grund dafür, dass die meisten von uns diese Art von Kaltanrufen hassen!

Ein weiterer häufiger Sprechfehler, der auf Unsicherheit und fehlendes Selbstvertrauen hinweist, ist eine Tendenz, eine Aussage zu machen und auf Fragen zu antworten, indem man selbst eine Frage stellt. Beispielsweise fragt ein Kunde: »Ja, Bert Boss am Apparat, was kann ich für Sie tun?« Häufig hört man dann einen Verkäufer antworten: *»Hier Jim Bloggs? Äh ... von Western Widgets? Wir fertigen Teile an, die garantiert die Abnutzung von Kugellagern um die Hälfte reduzieren?«*

Die unnötige, eingebaute, implizierte Frage führt bei jedem Zuhörer zum Abschalten. Niemand wird auf dem Schlachtfeld hinter Ihnen reiten, wenn Sie, der Trompeter, unsicher klingen. Ihre Stimme sollte von Selbstsicherheit getragen sein, selbst wenn Sie sich nicht so fühlen. Vor ein paar Jahren nahm ich Flugunterricht, und mein Fluglehrer gab mir genau dieselben Anweisungen für den Funkkontakt. Er sagte mir, egal unter welchen Umständen, ich solle bei Funksendungen immer selbstsicher klingen. Sogar wenn ich die Orientierung verloren hätte, sagte er, solle ich niemals die Worte »Ich habe mich verirrt« funken, weil dies mich, den Sprecher, sowie andere Piloten, die meine Funksendung hören, doppelt nervös machen würde. Stattdessen riet er, ich solle sagen: »Ich bin gegenwärtig unsicher über meine Position«, im selbstsichersten Ton, zu dem ich fähig sei, und irgendjemand da draußen würde gern mit mir zusammenarbeiten. In der Tat bin ich inzwischen bei mehreren Gelegenheiten »gegenwärtig unsicher« gewesen, und immer habe ich gemerkt, dass, wenn man »selbstsicher handelt«, es von anderen unbesehen geglaubt wird, egal, wie es im Innern aussieht.

Die Art zu sprechen, die am überzeugendsten von allen wirkt, wenn die andere Person Sie nicht sehen kann, ist die dialogorientierte. Die Worte, die Sie sagen, sollten, wenn irgend möglich, nicht Wort für Wort abgelesen werden. Der beste Weg, den roten Faden für das Gespräch dabei nicht zu verlieren, ist, sich einen Zettel mit aufgelisteten Punkten neben das Telefon zu legen. Es ist in Ordnung, einen Text während der Planungsphase auszuformulieren und ihn zu benutzen, wenn Sie mit einem Freund oder Kollegen üben. Aber wenn Sie den Hörer aufnehmen und einen wirklichen potenziellen Kunden anrufen, sollten Sie versuchen, nicht all die Worte vorzulesen. Zusätzlich sollten Sie ein großes Schild an der Wand hinter dem Telefon anbringen, auf dem steht:

> Stehe auf!
> Lächle!
> Sprich langsamer!
> Sprich mit tiefer Stimme!

Stehe auf, denn das Stehen und sogar das Umhergehen während des Kaltanrufs wird Sie selbstbewusster machen und klingen lassen. Lächle, denn (überraschenderweise) kann man ein Lächeln am Telefon hören. Sprich langsamer, denn 80 % der Kaltakquisiteure sprechen so schnell, dass sie nicht gut verstanden werden. Sprich mit tiefer Stimme, denn wenn das mit sprich langsamer kombiniert wird, ordnet man einer Stimme, die einen Ton tiefer liegt als die normale Stimmlage der meisten Leute, gewöhnlich sowohl Kraft als auch Autorität zu; das ist die überzeugendste Kombination von allen. (*Um dies zu erleichtern, pressen sie einfach einen Fuß heftig auf den Boden, während Sie sprechen. Sie werden merken, dass Sie sowohl langsamer als auch tiefer sprechen werden!*)

### Die andere Person anhand ihrer Stimme analysieren

Wenn Sie erfahrener in der Kaltakquise sind, werden Sie bald merken, dass die Leute, mit denen Sie reden, Informationen auf verschiedene Art und Weise verarbeiten und je nach Charaktertyp unterschiedlich auf Sie reagieren. Ich habe inzwischen festgestellt, dass Menschen auf drei verschiedenen Wegen Informationen verarbeiten. Wir alle nutzen in gewissem Grad alle drei Wege, doch einen nutzen wir meist bevorzugt, was damit zusammenhängt, wie unser Gehirn funktioniert. Meiner Erfahrung nach sind diese drei Wege der Informationsverarbeitung visuell, auditiv oder strukturorientiert.

### Zu einer Person sprechen, die sich visuell orientiert

Wenn eine visuelle Person mit mir spricht, wird er oder sie Phrasen verwenden wie: »*Sehen* Sie, was ich meine?« Oder: »Das *sieht* so aus ...« Also antworte ich: »Ja, ich kann mir ein *Bild* machen.« Weil der potenzielle Kunde vom Standpunkt einer visuellen Persönlichkeit aus Informationen verarbeitet, verwende ich für meine Antwort die gleiche Ausdrucksweise.

### Zu einer Person sprechen, die sich auditiv orientiert

Die nächste Person, die ich kalt anrufe, könnte Sachen sagen wie: »Ich weiß, es hört sich an, als ob ich lamentiere.« Oder: »Ja, da klingelt es bei mir.« Dann erkenne ich, dass ich zu jemandem spreche, dessen Informationsverarbeitung hauptsächlich rund um das Hören aufgebaut ist, er eine »auditive« Person ist. Und ich antworte, indem ich dieselbe Art von Sprache verwende: »Also, Sie wollen, dass es knallt, den Bombenerfolg?«

### Zu einer Person sprechen, die sich an Strukturen orientiert

Dann sagt ein weiterer Kunde: »Dies ist ein besonders raues Pflaster für unser Unternehmen. Wir stehen vor einer massiven Wand.« Also antworte ich: »Wenn wir denn die Steine aus dem Weg räumen könnten, würden Sie darüber nachdenken, unseren nächsten Kurs in Ihren Terminkalender einzuschieben?«, denn die Informationsverarbeitung dieses Menschen orientiert sich an Strukturen.

Ich hörte neulich eine armselige Unterhaltung zwischen einem Kaltanrufer und einem potenziellen Kunden, bei dem jede Seite eine andere Art der Informationsverarbeitung benutzte, was zu einem totalen Zusammenbruch der Kommunikation führte. Auf die Aussage des Kunden hin, der sagte: »Nein, die Aussichten sind eher trübe momentan«, antwortete der Verkäufer: »Ich vermute, Sie werden sich nur hinsetzen müssen, ein kaltes Handtuch auf die Stirn legen und an der Lösung arbeiten.« Woraufhin die Reaktion der Person am anderen Ende der Leitung war: »Was? Eine widerliche Vorstellung, außerdem sähe das ziemlich dämlich aus, oder?« Der Verkäufer benutzte eine an Strukturen orientierte Sprache, während der potenzielle Kunde ganz klar ein visuell orientierter Typ war. Der Anruf endete sehr schnell ohne Verkauf.

Mit ein wenig aufmerksamem Zuhören und adäquaten Antworten werden Sie es weit bringen in der Kaltakquise. Der einfachste Weg, eine unterbewusste Verbindung aufzubauen, ist, die Welt mit den Augen Ihres potenziellen Kunden zu sehen. Indem Sie in der gleichen Art reden wie er und indem Sie seine Ausdrucksweise annehmen, schaffen Sie automatisch und unterbewusst Vertrauen. Dieses Vertrauen ist wesentlich, wenn Sie versuchen, den Neukunden dahin zu bringen, dass er mit Ihnen Geschäfte macht. Einfach ausgedrückt neigen wir alle dazu, Leute zu mögen, die so sind wie wir.

Und es gibt eine letzte Sache, die Sie wissen sollten über die Persönlichkeiten, auf die Sie bei der Kaltakquise wahrscheinlich stoßen werden. Im Großen und Ganzen gibt es vier davon. Ich nenne sie Treiber und Lenker, Ausdrucksstarke, Liebenswerte und Analytiker. Wenn Sie erst den Persönlichkeitstyp, mit dem Sie sprechen, eingeschätzt haben, können Sie recht genau vorhersagen, wie viel Zeit und Mühe es Sie kosten wird, eine endgültige Entscheidung zu bekommen.

### Treiber und Lenker

Sie neigen zu sehr großer physischer Präsenz und haben manchmal eine einschüchternde oder furchteinflößende Art. Sie sind meist an der Spitze von großen, erfolgreichen Unternehmen anzutreffen, gewöhnlich als Geschäftsführer oder Vorstandsvorsitzende. Seit neuestem sind die augenfälligsten Orte, an denen man sie im richtigen Leben sieht, einige der spannungs- und actiongeladenen Fernsehshows. Die Sorte von Reality-TV-Show, bei der angehende Unternehmer schwierige Aufgaben erledigen müssen und entweder ihren Platz behalten oder brutal von diesen offensichtlich humorlosen, harten Kerlen eliminiert werden. Das Tolle an ihnen ist, dass sie sehr schnell Entscheidungen fällen und nicht davor zurückschrecken, eine Menge Geld auszugeben!

### Ausdrucksstarke

Ausdrucksstarke sind die menschlichere Variante der Treiber und Lenker. Sie lächeln öfter und sind weniger brutal, aber sie sind ebenso darauf fokussiert, Erfolg zu haben und an der Spitze zu bleiben. Auch sie können hart mit Leuten ins Gericht gehen, wenn kompromisslose Entscheidungen anstehen, aber die Opfer werden wohlwollender behandelt. Das Tolle an Ausdrucksstarken ist, dass auch sie keine Angst haben, schnelle Entscheidungen über Geldausgaben zu treffen, obwohl sie ein bisschen mehr Zeit für die Entscheidung brauchen.

### Liebenswürdige

Liebenswürdige findet man tendenziell in den niedrigeren Mitarbeiterrängen innerhalb jeder Organisation. Es ist leicht, sie zu finden und mit ihnen zu reden, und sie sind, wie ihre Bezeichnung andeutet, sehr »liebenswürdig«. Da es so einfach ist, mit ihnen Kontakt aufzunehmen, sind sie bei Vertriebsleuten und Kaltakquisiteuren sehr beliebt. In den Kundenakten und auf den Kontaktblättern der meisten Verkäufer stehen hauptsächlich Namen von Liebenswürdigen. Es gibt da nur ein Problem: Sie haben wenig Macht, um die von Ihnen gewollte Geldausgabeentscheidung zu treffen. Sicherlich haben sie Macht, aber es ist eher die Macht, »nein« zu sagen, als die Macht, »ja« zu sagen. Wenn Sie mit einem oder einer Liebenswürdigen in Verhandlung stehen, werden Sie vermutlich nicht schnell irgendwohin kommen.

## Analytiker

Viele Leute im mittleren Management, Buchhalter, Ingenieure, Technokraten und all jene, die eher kopflastigen Beschäftigungen nachgehen, sind tendenziell in der Kategorie der Analytiker zu finden. Sie mögen es, über die Probleme und Angelegenheiten, die ihnen beschert werden, ausführlich nachzudenken. Sie genießen den Weg bis zur Lösung mehr als die Lösung selbst. Aus irgendeinem Grund neigen sie dazu, nicht gern am Telefon zu reden, und brauchen eine lange Zeit, um eine Entscheidung zu treffen. Sobald sie die erste Information haben, die sie brauchen, suchen Sie nach einem Detail hinter dieser Information – dann nach dem Detail hinter dem Detail und so weiter. Selbst wenn sie ausreichende, detaillierte Informationen bekommen, sind sie selten fähig, die Entscheidung selbst zu treffen, und müssen die Sache zur endgültigen Bewilligung an einen Vorgesetzten weiterleiten. Zu Kaltanrufen bei Analytikern lässt sich nicht viel Gutes sagen – sie sind hart und mühselig.

Aus der Tabelle ersehen Sie, dass Sie bei der Kaltakquise immer die Treiber und Lenker und die Ausdrucksstarken anvisieren sollten, wenn Sie eine schnelle Entscheidung wollen. Wenn Sie rangniedrigere Bedienstete in einem Unternehmen kontaktieren, werden Sie feststellen, dass Sie wieder und wieder anrufen müssen, um dasselbe Resultat zu bekommen, welches Sie nach oft nur ein oder zwei Anrufen bei der Firmenleitung erreichen würden.

**Tabelle:**   Kurzzusammenfassung der verschiedenen Persönlichkeiten

| Treiber und Lenker | Ausdrucksstarke |
|---|---|
| Hart, einschüchternd, furchteinflößend. Tendenz, absolute Spitzenplätze in Unternehmen zu besetzen. Manchmal werden sie im englischsprachigen Raum als ›M.A.N.‹ bezeichnet, egal, ob es sich um einen Mann oder eine Frau handelt, weil sie die für einen potenziellen Kunden wesentlichen Merkmale haben: Money (Geld), Authority (Autorität), Need (Bedarf). | Freundlich, humorvoll, zugänglich. Sie neigen ebenfalls dazu, die höheren Management-Etagen zu belegen, oder sind sehr erfolgreiche Unternehmer. Sie haben auch die Kontrolle über das Geld, die Verfügungsgewalt, es auszugeben, und den Bedarf nach Ihrem Produkt oder Ihrer Dienstleistung. |
| Nicht immer angenehm in Umgang, sollten aber das erste Ziel des Kaltakquisiteurs sein; sie treffen Kaufentscheidungen nach nur ein oder zwei Ihrer Anrufe. | Im Allgemeinen angenehm im Umgang, und sie sollten ebenfalls das vorrangige Ziel von Kaltakquisiteuren sein. Sie treffen ebenfalls schnelle Kaufentscheidungen, aber es braucht vielleicht zwei bis drei Kontakte Ihrerseits dazu. |
| Sie machen statistisch gesehen nur 15 % aller Kontakte aus. | Sie machen statistisch gesehen ebenfalls etwa 15 % aller Kontakte aus. |

| Liebenswürdige | Analytiker |
|---|---|
| Sehr freundlich, ungezwungen und zugänglich, obwohl im Allgemeinen nicht besonders einflussreich. Die meisten Vertriebsleute tätigen einen Kaltanruf zuerst auf dieser Ebene, nur weil es »leicht« ist. | Sie haben nicht viel Lust auf Telefongespräche. Die Persönlichkeiten variieren von jenen, die einen Groll auf jedermann hegen, bis zu jenen, die halbwegs zugänglich sind. Sie neigen dazu, Dinge und Ideen den Menschen vorzuziehen. |
| Das große Problem ist, dass »Liebenswürdige« es lieben, über Gott und die Welt zu plaudern, aber im Allgemeinen keine Zusage, sondern nur eine Absage allein entscheiden können. Es braucht gewöhnlich drei bis fünf Anrufe, bis man irgendeine Art von Entscheidung von ihnen bekommt. | Sie können selten letzte Entscheidungen treffen und schieben Entscheidungen, wenn sie können, auf die lange Bank. Sie blockieren oft eine Entscheidung für den Fall, dass sie falsch sein könnte. Im Allgemeinen braucht es fünf, sechs oder mehr Anrufe, um eine Entscheidung zu bekommen. |
| Sie machen statistisch gesehen den Löwenanteil von 35 % aller Kontakte aus. | Sie machen statistisch gesehen weitere 35 % aller Kontakte aus. |

# Lektion 3

> Wir müssen an das Glück glauben. Denn wie sonst können wir den Erfolg von jenen erklären, die wir nicht mögen?
>
> *Jean Cocteau*
> *Französischer Schriftsteller*

*Kaltakquise für Angsthasen.* Bob Etherington
Copyright © 2008 WILEY-VCH Verlag GmbH & Co. KGaA, Weinheim
ISBN: 978-3-527-50379-7

# Die innere Einstellung

Ich möchte, dass Sie sich einmal einen Moment lang vorstellen, dass Ihr Chef (wenn Sie in einem Unternehmen arbeiten) oder eine gute Fee und Menschenfreundin (wenn Sie selbstständig sind) mit einem Vorschlag an Sie herantritt. Sie oder er sagt Ihnen, dass Sie ein ganzes Jahr nicht arbeiten müssen, bei voller Bezahlung. Ihre Stellung wird Ihnen bei Ihrer Rückkehr garantiert, vorausgesetzt, Sie tun im nächsten Jahr gute Werke. Ich denke an so etwas wie nach Übersee zu gehen, um bei einem Katastrophen-Hilfsprogramm mitzuwirken, oder Trinkwasserversorgungsanlagen in abgelegenen Gegenden Afrikas zu installieren, oder in Ihrer Stadt für die Heilsarmee zu arbeiten.

Einzige Bedingung ist, dass Sie zuerst eine Arbeitsplatzbeschreibung für die Person anfertigen müssen, die eingestellt werden muss, um Sie während Ihrer einjährigen Abwesenheit zu ersetzen. Also möchte ich, dass Sie jetzt alle Qualitäten und Fähigkeiten, die Ihnen einfallen und die ein stimmiges Persönlichkeitsbild von demjenigen ergeben, der Sie idealerweise in Ihrem Job ersetzt, in den unten stehenden Kasten schreiben. Blättern Sie nicht weiter, bis Sie dies getan haben. Hier sind einige beschreibende Worte und Phrasen, die Ihnen den Anfang erleichtern: Produktkenntnis, Sinn für Humor, Sinn für Zahlen, einfühlsam, ausdauernd, hartnäckig, niemand, der auf die Uhr sieht, Verkaufstalent, kreativ, positive Einstellung, ein Tatmensch, kein Zauderer, Redekompetenz, schriftliche Kompetenz, Problemlöser, gute Telefonmanieren, Wunsch, der Beste zu sein, Ausdauer, ein Held und kein Opfer, Marktkenntnis, mag andere Menschen etc. Fahren Sie fort, bis Sie alles aufgeführt haben, was es brauchen würde, Sie zu klonen.

*Kaltakquise für Angsthasen*. Bob Etherington
Copyright © 2008 WILEY-VCH Verlag GmbH & Co. KGaA, Weinheim
ISBN: 978-3-527-50379-7

Jetzt möchte ich, dass Sie sich all die Worte und Sätze, die Sie in den Kasten geschrieben haben, ansehen und vor jedes Wort, jeden Satz, der mit Können zu tun hat, ein K schreiben, ein E für die innere Einstellung und zuletzt ein W für alles, was mit Wissen zu tun hat.

Was fällt Ihnen an Ihrer Liste auf? Sehen Sie eine sehr große Tendenz, nicht etwa in Richtung »Wissen« oder »Können«, wie Sie vielleicht erwartet haben, sondern stattdessen in Richtung »E« für Einstellung? Dies ist kein Zufall und auch kein Ergebnis, das bei verschiedenen Menschen, Kulturen oder Gruppen jeweils ganz anders ausfallen würde.

---

**Einstellung**

Je länger ich lebe, desto mehr wird mir die Bedeutung der Einstellung auf das Leben bewusst.

Die Einstellung ist wichtiger, als es die Gegebenheiten sind. Sie ist wichtiger als die Vergangenheit, als Erziehung, als Geld, als die Umstände, als Fehlschläge, als Erfolge, als das, was andere Leute denken oder sagen oder tun. Sie ist wichtiger als Aussehen, Talent oder Können. Sie bestimmt über das Wohl und Wehe eines Unternehmens oder eines Heims. Bemerkenswert ist, dass wir tagtäglich die Wahl haben, welche Einstellung wir uns an diesem Tag zu eigen machen. Wir können unsere Vergangenheit nicht ändern ... wir können die Tatsache nicht ändern, dass Menschen in einer bestimmten Weise handeln werden.

Wir können das Unvermeidliche nicht ändern. Das Einzige, was wir tun können, ist, auf der einen Saite zu spielen, die wir haben, und das ist unsere Einstellung ... Ich bin überzeugt, dass das Leben zu 10 % aus dem besteht, was mir passiert, und zu 90 % aus dem, wie ich darauf reagiere. Und so ist es auch bei Ihnen ... Wir sind für unsere Einstellung verantwortlich.

*Charles Swindoll*

---

## Wollen Sie im Leben Erfolg haben?
## Bringen Sie zuerst Ihre Einstellung ins Reine

Der wichtigste Faktor, der zu Erfolgen oder Misserfolgen im Leben beiträgt, ungeachtet Beruf, Geschlecht, Größe, Attraktivität, Talent, Können und Wissen, reduziert sich schließlich auf dieses eine Wort: Einstellung. Das betrifft den Verkaufserfolg, in diesem Fall in der Kaltakquise, genau wie alles andere.

Als langjähriger Vertriebsprofi weiß ich, dass dies wahr ist. Ich habe oft erfolgreiche Vertriebsleute gesehen, die regelmäßig als »mangelhaft« eingestuft wurden, was ihre Produktkenntnis betraf, und als »unbrauchbar«, wenn traditionelle Verkaufsfertigkeiten als Maßstab angelegt wurden. Aber ihre Leistungen als Verkäufer entsprachen Jahr für Jahr entweder der Zielvorgabe oder lagen noch erheblich darüber. Mit großem Interesse habe ich vor einigen Jahren eine Fernsehdokumentation verfolgt, in der genau das, die Bedeutung der inneren Einstellung, reflektiert wurde.

### ›Sind Sie taff genug?‹ *

In einer Sendung, die über mehrere Wochen lief, ging es um normale Bürger, die herausfinden wollten, ob sie gut genug wären, zur SAS zu gehen. Die SAS (Special Air Service) ist, wie die meisten Leute wissen, die hochausgebildete Kommandotruppe der britischen Armee. Sie operiert in kleinen Vier-Mann-Einheiten hinter den feindlichen Linien und oft unter extrem gefährlichen Bedingungen. SAS-Leute müssen fähig sein, tagelang mit blutenden Blasen an den Füßen durch nasses Dschungelgestrüpp zu laufen (»Macht euch keine Sorgen, Jungs; das ist nur Schmerz!«). Oder eine Sandwüste zu durchqueren, einzig mit Grundproviant zum Lebenserhalt, wobei jeder Soldat eine geballte Ladung Ausrüstung mitschleppt, die beinahe so viel wiegt wie er selbst.

Etwa 2000 Bürger machten bei den Anfangstests mit und marschierten, wanderten und rannten über die bergigen Brecon Beacons in Südwales. Nur etwa 20 Männer und Frauen waren nach

* Anm. d. Übers.: Anspielung auf den Titel der englischen
Fernsehsendung SAS: Are You Tough Enough?

diesem frühen Stadium übrig, und diese paar wurden in den malaysischen Dschungel ausgeflogen – zusammen mit einem EX-Schulungsoffizier der SAS, einem kleinen, zähen schottischen Soldaten. Er war ihr Schulungsleiter, Mentor und Prüfer; und in jedem Stadium, mehrere Wochen hindurch, wurden mehr und mehr Leute von ihm und einem ihn unterstützenden Team, bestehend aus einem Militärarzt und einem Militärpsychologen, herausgefiltert.

Jede Aufgabe war noch strapaziöser als die vorherige. Es wurde mit harten Bandagen gekämpft. Während die Teilnehmer sich durch den Dschungel vorarbeiteten, mussten sie mit haarsträubenden Aufgaben und gewaltiger Übermüdung fertig werden. Es gab Nahkampfübungen oder »Milling«*, um Aggressionen aufzubauen, Schlafentzug, Schwimmen und Marschieren mit voller Ausrüstung und ein beängstigend realistisches Verhör nach Gefangennahme durch den »Feind«. Am Ende waren nur noch vier Personen übrig: drei Männer und eine Frau. Sie wurden einem echten SAS-Team aus vier erfahrenen, dienenden Soldaten gegenübergestellt. Die Gesichter aller vier Soldaten waren unkenntlich gemacht, um eine Identifizierung zu vermeiden; denn sie waren authentisch. Sie wurden dann vor eine einzige Aufgabe gestellt: »Sie haben all diese Leute in den letzten Wochen in Aktion beobachtet. Wir brauchen Sie nun, damit Sie einen von ihnen als Gewinner dieses ganzen Projektes auswählen. Diese Person sollte diejenige sein, die Sie gern als Mitglied in Ihrer vierköpfigen SAS-Truppe hätten.«

Ohne zu zögern wählten die SAS-Leute einstimmig die Frau. Sie war nicht durchweg die stärkste gewesen, noch war sie die am besten ausgebildete. Sie hatte noch nicht einmal in allen Übungen am besten abgeschnitten. Doch sie hatte eines, was die Soldaten als das Wichtigste überhaupt ansahen, wenn es hart auf hart kommt in lebensgefährlichen Situationen.

»Sie hatte«, sagten sie, »*die richtige Einstellung.*«

---

* Anm. d. Übers.: abgeleitet von Windmühle, bezeichnet
  der Begriff einen Kampf ohne Regeln, in dem sich zwei
  Gegner mit Boxhandschuhen so lange mit Faustschlägen
  attackieren, bis einer zusammenbricht.

### ›Das ist das Leben, das wir gewählt haben‹
### (Don Vito Corleone in *Der Pate*)

Nun, was hat die richtige Einstellung denn nun mit Verkaufen und Kaltakquise zu tun? Wenn wir damit beschäftigt sind, Dinge an andere Leute zu verkaufen, geraten wir selten, wenn überhaupt, in lebensgefährliche Situationen. Trotzdem müssen wir uns endlose »Neins« gefallen lassen, Ablehnungen, Zurückweisungen, unerwartete Abbestellungen und ständige Unhöflichkeit auf dem Weg zu beruflichem Erfolg, wie auch immer der aussehen mag (mehr dazu später). Verkäufer jeder Art bekommen ihre hohen Honorare, Provisionen und Prämien nicht für die Geschäfte, die sie abschließen, sondern als Gegenleistung für all die Zurückweisung, die sie unausweichlich auf dem Weg erfahren. Und genau hier kommt unser persönliches Bedürfnis ins Spiel, die richtige Einstellung zu erlangen.

Große verkaufsorientierte Unternehmen gaben früher, und tun es immer noch, regelmäßig Expertisen und Untersuchungen in Auftrag, um herauszufinden, auf welche Eigenschaften sie bei den Kandidaten, die sich für eine Anstellung im Vertrieb bewerben, besonders achten müssen. Immer wieder sieht der Kuchen, aus dem sich erfolgreiche Vertriebsleute zusammensetzen, wie folgt aus:

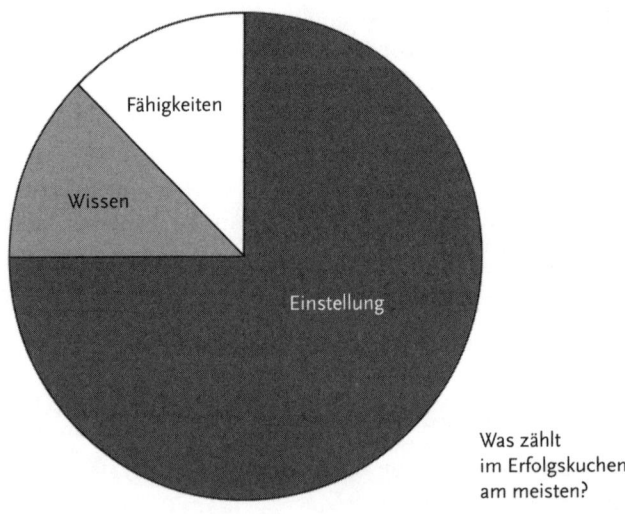

Was zählt
im Erfolgskuchen
am meisten?

## Also, was tun Sie für Ihre eigene Einstellung?

Nun, zuerst einmal gehe ich davon aus, dass Sie immer noch im Verkaufen, und besonders im Teilgebiet Kaltakquise, erfolgreich sein wollen. Ist es so? Gut, in diesem Fall habe ich gute Neuigkeiten – Sie können es.

Selbst wenn Sie nie zuvor irgendetwas verkauft haben, allein das Wissen, dass Sie erfolgreich sein wollen, ist für den Anfang genug. Eine Menge Leute, darunter einige meiner erwachsenen Freunde, sind nicht sicher, was sie vom Leben wollen. Ich habe einen von ihnen neulich gefragt (er ist wie ich in seinen Fünfzigern, aber nicht im Vertrieb tätig), ob er erfolgreich sein wolle. Er sagte: »Dafür ist es jetzt zu spät.« Ich fragte ihn dann, ob er jemals habe erfolgreich sein wollen. Er sagte: »Eigentlich nicht. Nur glücklich.« Ich fragte ihn daraufhin, ob er jetzt in seinen mittleren Jahren denke, dass das Leben enttäuschend gewesen sei. Er antwortete: »Ich schätze, ja.«

Das mag jetzt ein Schock für Sie sein, aber nicht jeder hat im gleichen Maße den Wunsch wie Sie, erfolgreich zu sein. Einige Leute sind zufrieden – oder denken, sie sind es –, wenn sie so über die Runden kommen. In Wirklichkeit ist es so, dass sie in ihren Teenagerjahren erwartet haben, dass alles einfach so »passiert«, und dass sie schließlich herausfanden, dass sie die ganze Zeit auf einen Bus gewartet haben, der nie kam.

> Ein Idiot ging in die Bank
> Und bat, ganz ohne zu erröten:
> »Bitte, ich hätt' gern tausend Pfund,
> Und zwar in Zwanzig-Pfund-Noten.«
> Der Bankangestellte gab zurück:
> »Bitte verzeih'n Sie mein Lachen,
> Aber Sie können nichts abheben,
> ohne zuvor 'ne Zahlung zu machen.«
> *(Anonym)*

Es ist ein bisschen wie der Wortwechsel zwischen Felix und Oscar in dem Film *Ein seltsames Paar*. Oscar kommt verspätet zum Abendessen und bittet Felix, ihm die Bratensauce zu reichen, um das Fleisch damit zu tränken. Felix fragt: »Wo soll ich um acht Uhr abends Bratensauce herbekommen?« Oscar antwortet: »Ich weiß nicht. Ich dachte, sie entsteht, wenn man das Fleisch kocht.« Was den verärgerten Felix zum Explodieren bringt: »*Wenn man das Fleisch kocht?* ... Du weißt ja gar nicht, wovon du redest. Du weißt es einfach nicht, denn man muss die Sauce machen. Sie kommt nicht einfach so!«

> Die Masse der Menschen lebt ein Leben in stiller Verzweiflung.
>
> *Henry Thoreau*

Die Realität ist, dass die meisten Leute einfach zu faul und zu ängstlich sind, um das zu verwirklichen, was sie wollen. Aber, und jetzt spreche ich selbst als ein im Grunde fauler Mensch (nicht zu erwähnen Kaltakquise-Angsthase), ich muss Ihnen sagen, dass es eigentlich nicht allzu viel Mühe oder Mut erfordert, eine starke innere Einstellung als Verkäufer zu bekommen. Ich werde Ihnen jetzt erzählen, wie ich gelernt habe, sie zu bekommen, und werde erklären, was Sie alles brauchen, wenn Sie es ebenso machen wollen.

### Regel Nummer 1 zur inneren Einstellung:
### Das Wichtigste an einem Ziel ist, dass man eines hat

Nach meinen ersten drei Monaten bei Xerox gab Bruce seine Erstbeurteilung für mich ab. Auf halbem Weg hielt er inne und fragte: »Sagen Sie mir, warum haben Sie sich dafür entschieden, diesen Job anzunehmen?« Ich erwiderte: »Damit ich Geld verdienen kann, ein schönes Haus habe, ein anständiges Auto ... Sie wissen schon.« – »Das ist Ihr nächstes Problem«, sagte er. »Sie sind wie eine Menge Leute in der Welt. Sie haben den ersten Schritt in Richtung hin zu dem Leben, das sie führen wollen, einfach unternommen, indem Sie sich entschlossen haben, etwas anderes zu machen. Dann machen Sie den zweiten Schritt, indem Sie sich entscheiden, sich fernzuhalten von allen (der Mehrheit), die Ihnen jeden Grund nennen werden, warum Sie keinen Erfolg haben werden. Aber das ist immer noch viel zu vage für einen echten, überwältigenden Erfolg. Sie müssen jetzt wirklich loslegen und die richtige Einstellung zum Sieg bekommen. Wie Sie die bekommen können, zeige ich Ihnen am besten mit einem kleinen improvisierten Rollenspiel. Nehmen wir einen Augenblick an, Sie sitzen am Ticketschalter einer Fluggesellschaft, während ich der Passagier bin, okay?« Ich stimmte zu, und es passierte Folgendes:

Passagier (Bruce): Ich möchte gern ein Ticket kaufen.
Angestellter der Fluglinie: Natürlich, Sir. Wohin, bitte?
Passagier: Sie wissen schon.
Angestellter: Entschuldigen Sie, Sir, könnten Sie etwas deutlicher werden?
Passagier: Ja, sicher. Irgendwohin, wo es nett ist. Wo ich sehr glücklich wäre.
Angestellter: Und wo ist das genau, Sir?
Passagier: Sie wissen schon! Wo die Sonne scheint und ich eine tolle Zeit habe. Sehen Sie, würden Sie sich bitte beeilen, ich habe nicht viel Zeit!!
Angestellter: Es tut mir wirklich leid, Sir, aber …
Passagier: Sehen Sie. Ich möchte irgendwo hinkommen, wo es nett ist. Ich möchte dort sein, wo es Leute gibt, die ich mag, und eine Kultur, in die ich hineinpasse. Oh, und ich möchte die Art von Unterbringung, die ich mag. Bitte geben Sie mir das Ticket, oder ich verpasse meinen Flug!

Also hier ist die große Frage, die sich aus dem kleinen Rollenspiel von Bruce ergibt. Warum kann der Angestellte der Fluggesellschaft dem Passagier kein Ticket verkaufen?

Die Antwort ist natürlich kinderleicht zu beantworten. Der Angestellte kann dem Passagier kein Ticket verkaufen, weil er nicht weiß, wo dieser hinwill. Und genau das ist das Problem mit dem Leben der meisten Leute – sie kommen nirgendwohin, weil sie keine klare Vorstellung davon haben, wohin sie wollen.

Genau wie der Passagier, der irgendwohin möchte, wo es »schön« ist, ist der Wunsch, ein nettes Auto, ein großes Haus, eine Menge Geld oder einen gut aussehenden Partner zu haben, vermutlich ein Rezept dafür, irgendwo anzukommen, wo man eigentlich gar nicht hinwollte.

Ich hoffe, dass Sie das, was man »Verkaufen« nennt, machen, damit es Ihnen das Leben beschert, das Sie wollen. Denn das Leben wartet nur darauf, dass Sie ihm genau sagen, was Sie wollen, bis ins kleinste Detail. Andernfalls ist das Beste, worauf Sie hoffen können, eine Reise ins Ungewisse.

Nun hatte ich zu der Zeit, als Bruce mir sagte, dass ich mir über ein ausdrückliches, klares Ziel klar werden müsse, um die richtige »Einstellung« zu entwickeln, gerade meine erste Hypothek aufgenommen. (Die Firma war darauf aus, dass die Vertriebsleute hohe Hypotheken aufnahmen, weil das bedeutete, dass sie hart arbeiten mussten, um die Raten zu bezahlen.) Also war das Ziel, auf das ich mich konzentrierte, die Raten zahlen zu können und dafür mein minimales, von der Firma auferlegtes Verkaufsziel auf monatlicher Basis zu erreichen und niemals »aufholen« zu müssen, weil ich in irgendeinem Monat hinterherhinkte. Gut, ich setzte mir das Ziel und erreichte es. Die Aktion »Zielsetzung« hatte sich für mich bewährt. Sie funktionierte gut – sie war klar und messbar. Ich bekam, was ich wollte. Aber ich erkannte nicht, wie nah ich daran war, eine Menge mehr im Leben zu erreichen. Tatsächlich war ich sehr nah dran an einer Methode, beinahe einem Rezept, alles im Leben zu bekommen, das ich jemals gewollt hatte, einfach durch Ausweitung dieses grundlegenden Gedankens. Für diese Entdeckung brauchte ich weitere neun Jahre. Es passierte Folgendes:

### Der Weg des Faulen zu Reichtum

Nach mehreren Jahren bei Xerox beschloss ich, eine neue Laufbahn als Wertpapierhändler auf dem Londoner Finanzmarkt zu beginnen. Es war eine tolle Erfahrung, und ich liebte es, aber das ist nicht sonderlich relevant für dieses Buch. Nach weiteren fünf Jahren in diesem Betätigungsfeld kam ein Wachstumsunternehmen auf mich zu, das den Finanzmarkt mit elektronischen Informationen versorgte: Reuters. Sie machten mir das Angebot, als leitender Vertriebsangestellter ihre Produkte zu verkaufen. Es war in den späten 1970er Jahren, genau zu Beginn der Revolution auf dem Feld elektronischer Informationsvermittlung. Es war eine aufregende Chance, aber da ich fünf Jahre nicht mehr an vorderster Front im Verkauf tätig gewesen war, dachte ich, ich sollte versuchen, mich »re-motivieren« zu lassen. Dafür fragte ich einen alten Freund und sehr erfolgreichen Verkäufer, welche Methode er genau befolgte, um solch einen beständigen Erfolg zu haben. Er sah mich lange an, dann meinte er, er würde es mir verraten, wenn ich (ehrlich) verspräche, nicht zu lachen. Ich versprach es, und er weihte mich in Folgendes ein:

### Alles, was Sie jemals wollten

Er nannte seine Methode »Der Weg des Faulen zu Reichtum«. Er sagte mir, jeder könne sie befolgen. Sie sei überhaupt nicht schwierig. Sie sei überaus simpel und unheimlich effektiv. Doch die meisten Leute hielten sie für lachhaft und würden sich, selbst wenn sie davon gehört hätten, nicht daran halten. Ich bin inzwischen ein großer Anhänger dieser Methode und habe die Hauptpunkte unten für Sie aufgeführt. Es liegt an Ihnen, sich zu überlegen, ob und in welchem Maße Sie sie in Ihrem eigenen Leben befolgen wollen. Jeder, den ich mit diesen Methoden vertraut gemacht habe und der sie daraufhin beständig angewendet hat, erzielte die gleichen Resultate wie ich – wirklich erstaunlich! Mit dem Kern dieser Methode war ich schon vertraut, denn es war die, die ich von Bruce Cantle bei Xerox gelernt hatte: wie wichtig es ist, ein klares Ziel oder Ziele im Leben zu haben. Doch diese Methode hob das ganze Konzept auf ein neues – und für mich auf ein Leben veränderndes – Level.

### Schreiben Sie es auf…

Zuerst einmal geht es um mehr als nur darum, ein einziges Ziel zu haben. Die erste Idee bei der Methode des »Faulen« ist, dass es sehr wichtig ist, alle Ziele, die man im Leben hat, festzuhalten. (Übrigens, es macht keinen Unterschied, ob Sie an die Methode glauben oder nicht. Ich kann bezeugen, dass sie bei jedem funktioniert hat, der sie wirklich praktizierte.) Es ist offensichtlich psychologisch sehr wirkungsvoll, aufzuschreiben, was Sie im Leben erreichen wollen. Mein Freund sagte mir, die Methode solle angeblich auf einer Untersuchung basieren, die an einer US-amerikanischen Universität in den 1950er Jahren durchgeführt wurde, bei der die Hälfte einer Klasse gebeten wurde, ihre Hoffnungen für die zehn Jahre nach Verlassen der Hochschule schriftlich zu fixieren. Die andere Hälfte bat man, gar nichts zu tun. Zur ersten Gruppe wurde wieder Kontakt aufgenommen, als die zehn Jahre vergangen waren, und die Forscher fanden heraus, dass mehr als drei Viertel von ihnen ihre Ziele erreicht hatten, und in vielen Fällen viel mehr darüber hinaus. Bei der anderen Hälfte der Klasse, bei denen, die ihre Ziele nicht aufgeschrieben hatten, hatte weniger als ein Viertel sie erreicht.

Also zurück zu Ihnen. Der erste Schritt auf dem Weg zu allem, was Sie in Ihrem Leben erreichen und haben möchten, unterstützt von der überaus wichtigen inneren Einstellung, ist, genau jetzt mehr darüber nachzudenken, was genau es *ist*, was Sie wollen. Wenn Sie das erst einmal ausgearbeitet haben, schreiben Sie jedes Ziel auf ein Blatt Papier. Dies ist sehr wichtig – sitzen Sie nicht einfach da und »denken«, es wird einfach passieren – Sie müssen es aufschreiben.

### Nicht nur materialistisch...

Nehmen Sie sich jetzt etwas Zeit, um darüber nachzudenken und aufzuschreiben, was Sie sich vom Leben erwarten, in materieller und spiritueller Hinsicht. Hierbei sollte es keine Begrenzungen geben – wenn jemand, ein anderer Mensch, die Dinge, die Sie wollen, haben kann, dann können Sie dies auch, glauben Sie mir. Also, in diesem Stadium setzen Sie dem Leben, das Sie wollen, keine Grenzen, schreiben Sie es alles auf, einen Punkt nach dem anderen.

### Aber seien Sie nicht dumm ...

An dieser Stelle nur ein warnendes Wort: Seien Sie nicht dumm beim Setzen Ihrer Ziele. Es ist nicht gut zu denken, Sie könnten mit dieser Übung die Gesetze der Physik außer Kraft setzen. Also setzen Sie sich nicht das Ziel, beispielsweise, dass Sie sich auf das nächste Hochhausdach stellen, Ihre Arme ausbreiten, springen und hinunterfliegen werden. Wenn Sie das tun, werden Sie sterben! Ähnlich wäre es mit der Zielsetzung, ein Mitglied der englischen königlichen Familie zu werden, weil dies für Sie und mich nicht möglich ist! Oder dass Sie, als 40-jährige Person, in der Lage sein werden, eine Meile in vier Minuten zu laufen! Vergewissern Sie sich einfach, dass Ihr Ziel physisch möglich ist, jedoch gleichzeitig herausfordernd. Die meisten Leute, die ich kenne, setzen sich recht kleine Ziele: ein Haus, das ein bisschen größer ist, mit einem Extra-Schlafzimmer; ein gebrauchter Porsche; 30 % mehr auf dem Bankkonto. Das ist einfach nicht gut genug, mein lieber Kaltakquise-Angsthase – Sie brauchen einige wirklich große Ziele.

Machen Sie sich keine Sorgen, wie diese wirklich großen Ziele sich in Ihrem Leben manifestieren. Sie werden es, das können Sie mir glauben. Schreiben Sie sie einfach nur auf (wie ich es tat, voller Skepsis vor ein paar Jahren. Am Ende dieser Lektion werde ich Ihnen von einigen meiner ersten Ziele berichten und Ihnen genau erzählen, was passierte). Nur lassen Sie es Ziele sein, die ein menschliches Wesen erreichen kann … dann warten Sie ab, was passiert.

### Fügen Sie einfach Details hinzu …

Wenn Sie Ihre Liste fertiggestellt haben, lehnen Sie sich zurück, denken Sie über jedes Ihrer Ziele nach und fügen Sie jede Menge Details hinzu. Zum Beispiel, wenn eines Ihrer Ziele ein Haus ist, dann schreiben Sie genau auf, wie groß es sein soll. Welchen Stil soll es haben, modern oder aus einer bestimmten Zeit? Wie groß ist der Garten? Welche Farbe hat die Haustür? Sie brauchen jedes Detail, das Ihnen einfällt.

Wenn ein weiteres Ziel ein neues Auto ist, notieren Sie nicht nur die Automarke, sondern auch die Farbe und alle anderen Dinge, die Sie wollen, wie Ledersitze, Cabrio, GPS und so weiter. Wenn das Ziel Geld ist, wie viel wollen Sie genau? »Eine Menge« ist nicht gut genug, Sie müssen eine genaue Summe beschließen. Ein Ziel muss auch nicht materialistisch sein. Sagen wir, Sie wollen in zehn Jahren in Rente gehen, um dann eine Wohltätigkeitsorganisation zu leiten oder irgendwo in einer religiösen Gemeinde zu leben: Schreiben Sie genau auf, wie Sie sich selbst in dieser Rolle sehen, wo Sie sein werden und was Sie tun werden.

### Schreiben Sie es auf, als wäre es schon passiert, und setzen Sie sich ein Datum für das Erreichen Ihres Zieles

Als Nächstes nehmen Sie sich jedes Ziel vor und schreiben es noch einmal auf, als wäre es schon passiert, und setzen ein Datum für das Erreichen des Ziels. Statt also zu schreiben: »Ich will einen Bentley Continental in Silber mit cremefarbenen Ledersitzen, kastanienbraun abgesetzt, GPS-Navigationssystem, Unterhaltungselektronik im Fond und Chrom-Alu-Felgen«, schreiben Sie: »Es ist der 1. Januar 20xx, und ich habe soeben meinen neuen Bentley

Continental abgeholt. Er ist silber, mit cremefarbenen Ledersitzen, die sich von der kastanienbraunen Innenausstattung absetzen, verfügt über GPS und Unterhaltungselektronik im Fond ...« und so weiter. Notieren Sie jedes Ziel in genau dieser Weise, detailliert, und schreiben Sie ein Datum für seine Verwirklichung dazu.

### Wiederholen Sie es mindestens einmal am Tag

Haben Sie das alles gemacht? Gut – aber das Aufschreiben der Ziele ist noch nicht alles. Das nächste bisschen ist sehr simpel, aber es erfordert tägliche Anwendung. Jeden Tag, wenn Sie morgens aufstehen, nehmen Sie Ihre Liste mit Zielen aus Ihrer Brieftasche oder dem Portmonee, gehen jedes Ziel durch und lesen es sich selbst laut vor.

Lesen Sie nicht nur leise ... Sie müssen Ihre Lippen bewegen und, wenn möglich, die Worte wirklich laut aussprechen. Sobald Sie das getan haben und bevor Sie zum nächsten Ziel übergehen, schließen Sie die Augen und stellen Sie sich Ihr Ziel bildlich vor. Sehen Sie es. Fühlen Sie es. Spüren Sie die Gefühle. Versenken Sie sich ganz in Ihr inneres Bild.

Das alles basiert auf einem einwandfreien psychologischen Prinzip, welches besagt, dass Ihr Unterbewusstsein den Unterschied zwischen Realität und Vorstellung nicht kennt. Wenn Sie mir nicht glauben, versuchen Sie diesen sehr einfachen Test: Stellen Sie sich vor, dass Sie in den Fingerspitzen einer Hand eine halbe Zitrone halten. Halten Sie diese imaginäre Zitrone so, dass die aufgeschnittene Seite oben ist. Jetzt drücken Sie sie und sehen zu, wie der imaginäre Saft an den Seiten der Zitrone nach unten trieft. Spüren Sie, wie der kalte, klebrige Saft Ihre Finger entlangrinnt. Drücken Sie noch einmal und sehen Sie, wie der kleine Schleier aus Saftnebel über der Zitrone liegt, und riechen Sie ihn in der Luft. Drücken Sie noch einmal kräftig, und während Sie das tun, führen Sie die Hand mit der Zitrone an Ihre Lippen und strecken Ihre Zunge heraus. Während Ihre Finger die Zitrone an ihre Lippen führen, was passiert da in Ihrem Mund? Sagen Sie es mir nicht: Es hat sich vermehrt Speichel gebildet, Ihnen läuft das Wasser im Mund zusammen, ganz als gäbe es eine wirkliche Zitrone. Wie Einstein gesagt hat: »Wenn Imagination und Realität miteinander im Streit liegen, gewinnt immer die Imagination. Imagination ist viel wichtiger als Realität.«

Indem Sie dieses Vorlesen, Wiederholen und Imaginieren jeden Tag praktizieren (einmal morgens und, wenn Sie können, noch einmal am Abend), entsteht ein Bild in Ihrer Psyche. Genau wie führende Sportler und Athleten sich inzwischen die Sportpsychologie zunutze machen, die auf gleichartigen Imaginationstechniken basiert, zapfen Sie dieselbe sonderbare Macht an. Ihre Psyche beginnt zu glauben, ob Sie es mögen oder nicht, dass Sie bereits fähig sind, diese Dinge in Ihrem Leben zu manifestieren. So scheint eine Art von unbewusstem Radar in Ihrem Kopf zu entstehen, so dass Ihr Gehirn beständig, während Sie Ihren normalen Tagesgeschäften nachgehen, im Unterbewusstsein damit beschäftigt ist und daran arbeitet, Ihre Ziele zu verwirklichen.

### Und zuletzt etwas, das Sie nicht tun sollten

Für den Fall, dass Sie beschließen, diese Methode des »Faulen« zu nutzen, würde ich gern ein letztes Wort der Warnung an Sie richten: Erzählen Sie niemandem, dass Sie dies tun, wenn Sie denken, dass die anderen lachen werden! Gelächter, Hohn und Spott sind die größten Feinde neuer Erfolgsvorhaben. Als bekennender Angsthase werden Sie vermutlich besonders empfindlich reagieren, wenn Sie mit etwas aufgezogen werden, das oberflächlich betrachtet einfach ein bisschen zu leicht scheint, um Aussicht auf Erfolg zu haben. Und doch ist die Zielsetzung und die beständige Visualisierung in der Art, wie ich es gerade beschrieben habe, wirklich machtvoll und extrem effektiv. Die einzigen Leute, die lachen werden, sind diejenigen, deren Leben nicht so erfolgreich ist, wie sie es gern hätten (die Leute aus der »Hoffnungs-Ecke«). Die Leute, die wirklich erfolgreich sind im Leben, werden ganz und gar nicht lachen.

### Lassen Sie mich wiederholen …

Diese Zielsetzungsmethode ist sehr wichtig, um Ihre innere Einstellung in Ordnung zu bringen. Sie ist nicht schwierig, tatsächlich ist es ein recht simples Verfahren – aber lassen Sie sich durch diese Einfachheit nicht täuschen. Vor allem, erzählen Sie anderen, die vielleicht über die Einfachheit der Methode lachen könnten, nicht, was Sie tun. Das Gelächter könnte Sie davon abbringen. Die Methode funktioniert … machen Sie sich nichts aus den Zynikern. Tatsächlich sind die einzigen Leute, die Ihnen erzählen werden, dass sie nicht effektiv sein wird, diejenigen, die selbst nicht besonders erfolgreich sind.

**Wenn Sie immer noch zweifeln ... was wurde aus meiner Liste von Zielen aus dem Jahr 1979?**

Ich sagte zuvor, dass ich berichten würde, was nach der Niederschrift meiner allerersten Liste von Zielen damals im Jahr 1979 passierte. Als ich diese erste Liste schrieb, notierte ich insgesamt 17 Ziele.

Ich ging alle Schritte durch, die ich Ihnen umrissen habe, und ich tat dies jeden Tag. Die Zeit verging, das Leben ging weiter. Tatsächlich vergingen beinahe 20 Jahre, bevor ich die Originalliste wiedersah.

Ich befand mich in der Autovermietung von Hertz am Flughafen von San Francisco. Es war das Jahr 1997. Ich gab eine Schulungseinheit für Reuters in Amerika und hatte eingewilligt, für ein Präsentations-Coaching von der Ost- an die Westküste zu fliegen. Das bedeutete, dass ich, als ich am Flughafen ankam, mit Kameras, Stativen, Mikrofonen und all den anderen Arbeitsutensilien beladen war – also beschloss ich, ein Auto zu mieten, um alles transportieren zu können.

Während ich am Mietschalter stand und die Formulare ausfüllte, sah die Angestellte sie durch und sagte dann: »Darf ich bitte Ihren Führerschein sehen?« Ich griff in mein Jackett, zog meine alte Lederbrieftasche heraus und suchte darin nach meiner Fahrerlaubnis. Als ich sie fand, zog ich sie heraus und übergab sie ihr. Dabei kam ein eselsohriges Stück Papier mit heraus und fiel auf den Boden – es war die Originalfassung dieser Liste. Ich stand wehmütig da, las sie durch und war perplex!

---

**Übrigens: Während ich dieses Buch schrieb, passierte mir etwas Seltsames**

Weil ich diese Methoden selbst nutze, hatte ich, als neuestes Ziel, aufgeschrieben, dass ich in einer bestimmen Stadt des Nahen Ostens eine Geschäftsdependance eröffnen würde. Ich hatte noch nie in dieser Stadt gearbeitet oder zu irgendjemandem über diesen Plan gesprochen. Innerhalb von 24 Stunden nachdem ich es aufgeschrieben hatte bekam ich aus heiterem Himmel einen

Anruf eines potenziellen Kunden in dieser Stadt, der mich um ein Angebot für ein Schulungsseminar bat. Drei Tage später bekam ich eine nicht damit in Zusammenhang stehende Anfrage von einer Universität derselben Stadt für eine bezahlte Rede bei einer E-Business-Marketingkonferenz zur selben Zeit. In derselben Nacht, als ich in einem Taxi zum Flughafen London Heathrow zu einem weiteren Arbeitseinsatz fuhr, erzählte ich einem Kollegen am Handy von diesen Geschehnissen. Als ich den Anruf beendet hatte, sagte der Taxifahrer zu mir: »Ich konnte nicht anders, als Ihr Gespräch mit anzuhören. Ich bin aus dieser Stadt, und mein Cousin ist ein ranghoher Diplomat in meinem Land. Ich weiß, dass er willens wäre, Ihnen einige Insider-Informationen über unsere Kultur und unsere Gewohnheiten zu geben und Sie mit Menschen bekannt zu machen, damit Sie Ihre geschäftlichen Unternehmungen ausweiten können. Wir hungern sehr nach den Qualifikationen, die Sie anbieten.« Die Sache ist die, diese Art von Zufällen passiert nicht nur manchmal. Wenn Sie beginnen, diese Methode zu praktizieren, werden Sie herausfinden, dass genau diese Dinge anfangen, in Ihrem Leben zu passieren. Fragen Sie nicht, warum. Tun Sie es einfach!

Als ich die Liste durchlas, erkannte ich, dass ich während der zehn Jahre nach Aufstellung der Liste jedes Einzelne meiner ursprünglichen Ziele erreicht hatte. Ich gebe Ihnen nur ein Beispiel.

Gott ist mein Zeuge, damals im Jahr 1979 schrieb ich folgendes Ziel auf, als sei es schon erreicht: »*Es ist April 1997, und ich habe gerade für 250 000 Pfund ein großes, freistehendes Haus mit fünf Schlafzimmern direkt vor London gekauft. Es hat eine große Garage, einen weitläufigen, von Bäumen gesäumten Garten und eine Miniatur-Dampfeisenbahn, die rund ums Grundstück fährt.*«

Damals konnte ich mir nicht vorstellen, wie dieses, oder irgendeines der anderen Ziele (eingeschlossen die Ziele, Fliegen zu lernen, eine Wohnung nahe der Bond Street in London zu kaufen und das Unternehmen aufzubauen, das ich jetzt habe) sich in meinem Leben verwirklichen würde, aber die Abmachung war gewesen, dass ich alles ohne Einschränkung aufschreiben sollte, also tat ich es.

Heute lebe ich in genau dem Haus, das ich vor all den Jahren beschrieb und mir immer wieder ausmalte ... und die Dampflokomotive ist sagenhaft! Diese Sache mit den Zielsetzungen scheint zu funktionieren. Die Zufälle, die aufzutreten beginnen, wenn man dem Leben klar und detailliert sagt, was man will, sind außerordentlich. Wie ein sehr weiser Mensch einmal sagte: »Überlege dir gut, wofür du betest, denn es ist gut möglich, dass du es bekommst!«

Ich sollte Ihnen noch einen weiteren Beweis geben und erzählen, was unmittelbar nach meiner Enthüllung von San Francisco folgte. Dort im Büro der Autovermietung beschloss ich, die lang vergessene Methode noch einmal zu testen. Ich nahm das Ticket des Flugs, der mich gerade von der Ost- an die Westküste gebracht hatte, aus meiner Jackentasche und schrieb quer über die Rückseite: »Es ist der 1. September 1997 (*drei Monate später*), und 5000 Dollar sind aus unerwarteter Quelle auf mein Konto geflossen.« Jeden Tag in den nächsten paar Wochen nahm ich das Ticket aus meiner Brieftasche, las mir den Satz leise vor und visualisierte das Geld. Vor meinem inneren Auge stellte ich mir meinen Kontoauszug mit der Bankeinzahlung darauf ein paar Sekunden lang vor, dann setzte ich meinen Tag fort. Was als Nächstes passierte, war wieder einmal bemerkenswert.

Etwa fünf Wochen nach dem Aufschreiben des neuen Ziels musste ich geschäftlich von New York nach Chicago fliegen. Als ich meinen Sitz im Flugzeug einnahm, sagte der neben mir sitzende Passagier: »Guten Morgen.« Als ich antwortete, hörte er an meinem Akzent, dass ich kein Amerikaner war. Er fragte sogar, wie es oft passiert, wenn Amerikaner einen britischen Akzent hören, ob ich Australier sei. Um ins Gespräch zu kommen, fragte er mich nach meinem Namen und mit was ich meinen Lebensunterhalt verdiente. Als ich ihm sagte, dass ich für das Unterrichten von Verkaufstechniken in einem großen multinationalen Konzern verantwortlich sei, war er sehr interessiert. »Wir müssen in unserer Firma besser darin werden, zu verkaufen«, sagte er. »Ich bin Seniorpartner einer Chicagoer Anwaltsfirma ... was würden Sie davon halten, einen Verkaufstrainings-Workshop für uns zu leiten?« Ich sagte ihm, dass ich Vollzeitangestellter sei und die Zeit eigentlich nicht erübrigen könne. »Wie wäre es am Wochenende?«, entgegnete er. »Wir fliegen Sie an einem Freitag nachts nach Chicago ein und an einem Sonntagabend zurück! Alle Unkosten übernehmen wir. Also, was wäre Ihr Schulungshonorar?« – »Fünftausend Dollar«, erwiderte ich. »Abgemacht!«, sagte er und schüttelte meine Hand. Drei Wochen später gab ich den Workshop!

Nun, wo kam das alles her? Warum saß dieser spezielle Mann während dieses speziellen Flugs neben mir? Was hat mich dazu gebracht, 5000 Dollar zu sagen? Ich kann Ihnen nicht sagen, was hinter dieser speziellen Zielsetzungstechnik steckt. Und ich sage bestimmt nicht, dass sie jedes einzelne Mal und bei jedem einzelnen Ziel, das ich mir gesetzt habe, funktioniert. Nur ist es so, dass sich in der überwältigenden Mehrzahl der Fälle (meiner Erfahrung nach in etwa 80 % der Fälle – Sie erinnern sich an das Pareto-Prinzip!) die selbst gesetzten Ziele auf bemerkenswerte Art und Weise *verwirklichen*. Ich wende diese Technik immer noch regelmäßig an. Sie sollten es auch tun … nur erzählen Sie es nicht jedem!

---

### Zu seltsam für dieses Buch? Ich werde es wagen

Der britische TV-Quizmaster Noel Edmonds hatte fast zehn Jahre lang keine eigene Fernsehshow mehr gehabt und eine Reihe von schwierigen persönlichen Situationen durchlaufen. Dann, im Jahr 2005, begann er die im Wesentlichen gleiche Methode anzuwenden, die ich in dieser Lektion beschrieben habe. In Medieninterviews im Frühjahr 2006 nannte er es »kosmischer Auftrag«.

Er sagte, dass er im Jahr 2005 sechs Dinge, die er erreichen wollte, niedergeschrieben habe. Zwei davon waren, ins Fernsehgeschäft zurückzukehren und ein Haus mit sehr speziellen Eigenschaften in Frankreich zu finden. Innerhalb von Monaten, sagte er, wurde ihm aus heiterem Himmel eine brandneue TV-Show angeboten, *Deal or No Deal* (die seitdem für eine Reihe von Preisen nominiert wurde), des Weiteren hatte er das Haus in Frankreich gefunden, von dem er geträumt hatte und zwei andere »private« Wünsche verwirklicht.

Mir persönlich ist es egal, wie er es nennt. Ich urteile nur nach den Ergebnissen, und für mich sieht es so aus, als ob die Grundidee mit meiner identisch ist. Also, was haben Sie zu verlieren? Hauptsache, es funktioniert.

### Regel Nummer 2 zur inneren Einstellung:
### Unterschätzen Sie niemals die Macht der Beharrlichkeit

Als Nächstes, mein lieber Kaltakquise-Angsthase, werde ich Sie in ein weiteres schmutziges kleines Geheimnis einweihen: Die meisten Ihrer Konkurrenten, genau wie die meisten der meinigen, geben viel zu früh auf. Sie tätigen eine minimale Menge an Kaltanrufen, wenn überhaupt, und sie hören so bald wie möglich damit auf. Doch erfolgreiche Menschen auf der ganzen Welt sehen »Beharrlichkeit« als einen nachhaltigen Faktor an, wie sich Erfolgreiche von Erfolglosen unterscheiden.

Der britische Premierminister während des Zweiten Weltkriegs, Sir Winston Churchill, pochte wild auf eine Anforderung, um Erfolg zu haben: »Never, never, never give up« (»Geben Sie nie, nie, nie auf«). Thomas Edison, Erfinder der elektrischen Glühbirne, musste mehr als eintausend Experimente durchführen, bevor er mit seiner Forschung Erfolg hatte. Jemand fragte ihn einst, ob er jemals durch diese ständigen Misserfolge entmutigt gewesen sei. Er antwortete, dass dies nicht der Fall gewesen sei, denn aus seiner Sicht hatte er einfach tausend Wege gelernt, eine Glühbirne *nicht* zu machen.

Von Ray Kroc, dem Mann, der McDonald's gründete, wird gesagt, dass in seinem Büro ein großes Schild mit Worten an der Wand hing, welche die Bedeutung der Beharrlichkeit unterstrichen. Er seinerseits hatte sie von Calvin Coolidge, US-Präsident in den 1930er Jahren, abgeschrieben, der sagte:

---

**Beharrlichkeit**

Nichts in der Welt kann die Beharrlichkeit ersetzen. Talent nicht; nichts ist alltäglicher als erfolglose Menschen mit Talent. Genialität nicht; unerkannte Genies sind schon berüchtigt. Bildung nicht; die Welt ist voll von gebildeten Obdachlosen. Beharrlichkeit und Zielstrebigkeit allein sind allmächtig. Die Devise »Mach weiter« hat die Probleme der Menschheit gelöst und wird sie immer lösen.

---

Ich las neulich von einigen Experimenten, die in einer britischen Universität in den letzten Jahren durchgeführt wurden, bei denen man einigen sehr erfolgreichen Geschäftsleuten ein großes Puzzle gab, das aus leichtgewichtigen zusammenhängenden Plastikblöcken bestand (eine größere Variante der kleinen hölzernen Würfelpuzzles, die in Krimskrams-Läden erhältlich sind). Das Puzzle war in dem großen Format beinahe unmöglich zu lösen. Einer Gruppe von durchschnittlich erfolgreichen Leuten im selben Raum wurde gleichzeitig das gleiche Puzzle zum Lösen gegeben. Nach etwa zwölf Minuten hatten die durchschnittlich erfolgreichen Leute aufgegeben, es zu lösen. Doch die erfolgreichen Geschäftsleute arbeiteten 45 Minuten später immer noch an der Lösung. Tatsächlich mussten die Forscher es ihnen förmlich aus den Händen reißen, so hartnäckig waren sie auf der Suche nach der Lösung.

Als ich mit dem Verkaufen anfing, erinnerte ich mich immer an das Bild, das hier unten an der Wand unseres Verkaufsbüros hing. Es vereinigte zwei wichtige Ideen, die mit Beharrlichkeit und der Angst vor der Kaltakquise zu tun haben, und aus diesem Grund hängt es auch an der Wand meines heutigen Büros:

---

## Das Hohelied der Kaltakquise

*Wo bin ich jetzt?*
Ich sitze vor dem Telefon

*Was möchte ich tun?*
Einen potenziellen Kunden anrufen, um ihm mein Produkt zu verkaufen

*Was ist das Schlimmste, was er sagen kann?*
»Nein«

*Was ist das Schlimmste, was er tun kann?*
Den Hörer auflegen

*Wo werde ich dann sein?*
Vor dem Telefon sitzend

*Also, worauf warte ich?*

---

Im Durchschnitt braucht es sechs »Kaltanrufe«, bevor ein potenzieller Kunde mit Ihnen ins Geschäft kommt:

95 % aller Verkäufer machen den ersten Kaltanruf
50 % aller Verkäufer machen den zweiten Kaltanruf
25 % aller Verkäufer machen den dritten Kaltanruf
15 % aller Verkäufer machen den vierten Kaltanruf
10 % aller Verkäufer machen den fünften Kaltanruf und
nur 5 % aller Verkäufer machen den sechsten Kaltanruf, und sie machen 85 % der verfügbaren Geschäfte in jedem Markt.

Damit ich beharrlich bleibe (ich bin genauso anfällig wie Sie dafür, aufzugeben, wenn ich nicht aufpasse), habe ich es geschafft, eine nette kleine Motivationshilfe für mich zu finden, die auf aktuellen Forschungsergebnissen darüber basiert, auf welche Weise unser menschliches Gehirn sich an Dinge erinnert. Es scheint, dass viel von dem, an das wir uns erinnern, in Form von Bildern in unseren Köpfen gespeichert ist. Wenn jemand ein bekanntes Wort oder einen Satz erwähnt, neigen wir dazu, uns sofort ein Bild davon zu machen. Wenn beispielsweise jemand das »World Trade Center« erwähnt, sehen die meisten Erwachsenen sofort eine Szene des 11. September vor ihrem geistigen Auge. Das Bild wird sehr oft so ins Gedächtnis zurückgerufen, wie es viele Menschen gesehen haben, als wäre es ein Bild auf einem Fernsehbildschirm und nicht aus nächster Nähe. Sie sehen das Feuer und all die anderen Dinge, die sie an diesen schrecklichen Tag erinnern.

### Der Spielautomat, der Beharrlichkeit erzeugt

Auf dieselbe Art und Weise beschwört das Wort »Spielautomat« in meinem Kopf das Bild eines hell erleuchteten »einarmigen Banditen« herauf, mit sich drehenden Rollen und einer Chance, etwas Geld zu gewinnen ... vielleicht sogar den Jackpot. Wie die meisten Leute wage ich gern einen Versuch, wenn ich ein paar Extra-Münzen in der Tasche habe. Vielleicht gewinne ich, vielleicht aber auch nicht. Nur eines ist sicher: Wenn ich keine Münzen einwerfe und es nicht versuche, dann werde ich definitiv nichts gewinnen. Genauso, stelle ich mir vor, ist es bei der Kaltakquise. Wenn ich den Hörer nicht aufnehme und die Nummer wähle (die Münzen in den Schlitz stecke), dann werde ich keine Chance haben, mit einem möglichen Neukunden zu sprechen (dem Jackpot).

Also suchte ich im Internet ein buntes Bild eines einarmigen Banditen und druckte es auf Fotokarton aus. Immer, wenn ich mich jetzt erschöpft fühle, gelangweilt, es leid bin oder meine Beharrlichkeit zu schwinden droht (ich bin ein Kaltakquise-Angsthase, letzten Endes), stelle ich das Bild des einarmigen Banditen vor das Telefon. Indem ich dies tue, habe ich anstelle des prosaischen Telefons augenblicklich das Bild des Automaten vor Augen und löse die damit assoziierten Gefühle aus. Das gibt mir sofort Auftrieb und bringt mich auf die Spur zurück, indem es das langweilige Telefon in einen echten Auftragsgenerator verwandelt. Es klingt vielleicht nach Quark, ich weiß, aber was soll's, zum Teufel: Es funktioniert!

Ein letzter Punkt. Obwohl ich gelegentlich Spaß am Glücksspiel habe und es mir deshalb nichts ausmacht, Glücksspiel-Bilder zu benutzen, vermute ich, dass einige Leser vielleicht nicht genauso empfinden. Also, wenn das bei Ihnen so ist, können Sie einfach das Glücksspielbild durch eines ersetzen, das besser zu Ihnen passt. Ich habe einen Kunden in Amerika, der ein Bild eines Baseball-Pitchers hat, und einen weiteren in Großbritannien, der ein Bild eines Sets von Kricketschlägern hat. In beiden Fällen ist die Idee dieselbe: Die Bilder erzeugen in den Köpfen der beiden eine Situation, in der es nicht notwendig ist, den Ball jedes Mal zu treffen, um das Spiel zu gewinnen. Doch andererseits, wenn man nicht regelmäßig den Ball schlägt, besteht gar keine Chance, im Spiel zu bleiben. Kein anderer, außer Ihnen selbst, kann auf das Tor schießen. Also legen Sie sich Ihr Bild zu, so schnell Sie können!

---

Der Große Buddha begrüßte einen Neuankömmling im Himmel und führte ihn herum. Schließlich kamen sie an einem Raum vorbei, der mit Geschenken gefüllt war. »Dies sind all die Dinge, für die Leute in ihrem Leben gebetet haben«, erwiderte der Große Buddha, »aber die aufgegeben haben, kurz bevor sie ihnen gewährt werden sollten.«

## Regel Nummer 3 zur inneren Einstellung:
## Stehen Sie aufrecht und lächeln Sie

Ich sah einst einen Zeichentrickfilm, in dem ein kleiner Hund (ich glaube, es war Snoopy) mit einem breiten Grinsen im Gesicht daherlief. Der kleine Junge (Charlie Brown) fragte ihn, wie er sich fühle. Der Hund sagte, er habe einen harten Tag hinter sich und das Recht erworben, deprimiert zu sein. Charlie Brown fragte, warum er dann so grinse, und Snoopy erwiderte, dass er ja versuche, deprimiert zu sein, das aber schwierig sei, solange er das »Lächelgesicht« trage.

Ich fordere Sie dazu auf, genau jetzt, aufzustehen, gen Himmel zu schauen (wenn Sie sich in öffentlichen Verkehrsmitteln befinden, warten Sie am besten, bis Sie nach Hause kommen) und zu grinsen wie ein Honigkuchenpferd. Zwingen Sie sich dazu, wenn nötig, egal wie lächerlich Sie sich dabei vorkommen … und dann versuchen Sie, während Sie das tun, einen wirklich deprimierenden Gedanken zu fassen.

Schwierig, nicht wahr? Es ist sehr schwierig, sich niedergeschlagen zu fühlen, selbst wenn man nur »glücklich spielt«. Also, was auch immer ansonsten passiert, ein schnelles Rezept gegen jede Art von Niedergeschlagenheit ist es, sich zu bewegen, zu lächeln und nur ein paar Minuten lang so zu tun, als sei man nicht deprimiert. Sehr schnell, wie durch ein Wunder werden Sie wahrscheinlich merken, dass Sie es gar nicht mehr sind!

Eine Erhebung, die neulich in einer der Londoner Zeitungen abgedruckt wurde, enthüllte, dass optimistische Leute im Unterschied zu ihren pessimistischen Vettern Folgendes andauernd tun: Sie sehen nach oben und bewegen ihre Körper enthusiastischer. Das klingt vielleicht nicht gerade nach einer bahnbrechenden Erkenntnis, nicht wahr? Aber ich selbst merke, dass ich bei meinen Kaltanrufen den Stuhl in die Ecke schiebe und im Zimmer herumgehe. Tatsächlich mache ich Kaltakquise meist von der heimischen Küche aus. Warum? Erstens: weil es nicht das Büro ist – wo es viele Ablenkungen, aber keine Kunden gibt. Zweitens: Obwohl es eine Küche ist (und Sie wissen ja, was ich von Küchen halte), gibt es keine Stühle darin, auf denen man sitzen könnte, so dass ich es im Stehen machen muss. Keine Niedergeschlagenheit – mehr Energie – eine bessere innere Einstellung.

## Was beeinflusst die Einstellung ehrgeiziger Angsthasen noch?

### Wollen Sie es wirklich?

Einige Geschäftsleute wollen alle Vorteile einer Karriere im Vertrieb (eingeschlossen der Kaltakquise), aber *keinen* emotionalen Kraftaufwand, *kein* Risiko und *auch nicht* die Arbeit an vorderster Front, die damit einhergeht. Sie fühlen sich in jeder Verkaufssituation nicht ganz wohl. Tatsächlich fühlen sie sich ausgesprochen unbehaglich, diese Sache zu tun, die jeder Gewerbebetrieb tun *muss*. Vielleicht geht es Ihnen ebenso. Viele Leute hassen Verkäufer – sogar einige Autoren, die über diesen Beruf forschen und darüber schreiben (ich nicht). Einige Eltern hassen die Vorstellung, dass ihre Sprösslinge in den Verkauf gehen. Wenn Sie in eine dieser Kategorien passen, müssen Sie einen Weg finden, sich mit dem Thema auseinanderzusetzen.

### Haben Sie insgeheim Angst davor, wie großartig Sie werden könnten?

Viele Angsthasen, die ich kenne, sind durchaus fähig dazu, großartige Verkäufer zu werden, bleiben aber in ihrem Wohlfühlbereich der »Durchschnittsleistungen«, weil sie glauben, die Dinge, die ein großer Durchbruch ihnen einbringen würde, nicht verdient zu haben. Wenn Sie sich darin wiedererkennen, besuchen Sie einen Selbstvertrauens-Coach, einen Hypnotiseur, einen Therapeuten. Tun Sie etwas dagegen. Es gibt Hilfe!

### »Hier sind Drachen!«

Die Wikinger schrieben dies gewöhnlich an den Rand ihrer Karten, wenn sie nicht sehen oder sich vorstellen konnten, was hinter dem Horizont lag. Sie stellten sich vor, alle Arten von bösen Geistern und Teufeln würden direkt auf der anderen Seite auf sie warten.

Hören Sie, ich wurde schon angeschrien. Ich hatte schon Leute am anderen Ende der Leitung, die einfach aufgelegt haben. Sie tun es immer noch. Schier jeder Verkäufer, dem ich innerhalb von 35 Jahren begegnet bin, hat dann und wann diese Erfahrung gemacht. Der Grund, warum Verkäufer so gut bezahlt werden, liegt genau in all diesen »Neins«, die sie einstecken müssen. Niemand sitzt neben dem Telefon und wartet auf einen Kaltanruf, also erwischen Sie einige Leute einfach im falschen Moment. »Neins« sind ein unvermeidlicher Teil des Jobs. Wie Don Vito Corleone in *Der Pate* sagt: »Das ist das Leben, das wir uns ausgesucht haben!«

Die Leute werden alle möglichen scheußlichen Dinge zu Ihnen sagen, wenn Sie unangemeldet anrufen, Sie müssen nur dafür sorgen, dass Sie diese Dinge nicht zu sich selbst sagen. Selbstbotschaften sind sehr wichtig. Stellen Sie sich einen lächelnden Kunden vor. Erwarten Sie, dass die Person am anderen Ende der Leitung glücklich ist. Bekommen Sie selbst ein glückliches Gefühl im Innern. Glückliche Leute erwarten, Glück zu haben. Beschließen Sie, innerlich ein gutes Gefühl zu haben, und Sie werden merken, dass Sie mit allem fertigwerden, egal was Ihnen entgegengeschleudert wird.

### Die wollen mein Zeugs wahrscheinlich gar nicht

Produkte und Dienstleistungen, die »verkauft« werden, sind Lösungen für Probleme, die jemand haben könnte. Ermitteln Sie, für welche Problemlösung Ihr Produkt hergestellt wurde. Dann vergewissern Sie sich, dass Sie bei Ihrem Kaltanruf potenzielle Kunden am Apparat haben, die das Problem haben könnten, welches Sie lösen können.

### Sie sind paralysiert

Viele Verkäufer sind genau wie Sie. Sie wünschen sich zutiefst, es zu schaffen, aber ihre Fantasie zeichnet ein Bild von all den unausweichlichen Problemen auf dem Weg zum Erfolg. Es ist ein ständiges Hin und Her in ihren Köpfen. Sie fühlen sich sehr hingezogen zu der Art Leben, das sie durch eine Menge Kaltanrufe führen könnten, aber der Gedanke an Misserfolge hält sie zurück. Ich habe schon gesehen, dass Vertriebsleute mit dem Telefonhörer am Ohr im Büro saßen, auf das Tuten lauschten und vorgaben, Kaltanrufe zu machen. Ihre Kaltanruftage waren durchsetzt mit Ersatzhandlungen. Derartig paralysierte Vertriebsleute machen sich an die Arbeit und geloben sich, wirklich weiterzukommen, heute wirklich! Aber zuerst holen sie sich schnell noch einen Kaffee. Na ja, nicht nur einen Kaffee aus der Kaffeeküche, sondern einen aus dem Laden die Treppen runter, wahrscheinlich einen von Starbucks. Ja, ein Starbucks-Kaffee, der wird die Nerven beruhigen! Es ist zwar ein ganz schön weiter Weg bis zu Starbucks, aber der Spaziergang dorthin wird den Nerven auch guttun. Ja, dann werden sie sich bestimmt besser fühlen … ganz bestimmt!

Wenn sie schließlich an den Schreibtisch zurückkehren, fangen sie an … sie bereiten die Kaltanrufliste für heute vor … na ja, Selbstorganisation ist alles, und wenn man das ordentlich macht, braucht es halt seine Zeit. Wenn die »Organisation« schließlich steht, ist es schon fast Zeit fürs Mittagessen, und niemand will kurz vor der Mittagspause angerufen werden, also wird das warten müssen bis nach dem Essen. Dann, ja, »dann werde ich wirklich anfangen!« Und so weiter, und so weiter.

Jede dieser Aufschiebeaktionen soll dazu dienen, mit dem »Flattern« fertigzuwerden. Der arme vor Angst gelähmte Angsthase hofft, dass ein Wunder passieren wird. Dass irgendwie seine Nervosität abnimmt, je länger er es vor sich herschiebt, den Hörer in die Hand zu nehmen. Meiner Erfahrung nach funktioniert diese Strategie nicht. Also, was hebt die Lähmung eines Kaltakquise-Angsthasen auf? Die Lösung ist so einfach.

## Der Angsthasenweg zur Überwindung der Lähmung

Wenn Sie sich in dem wiedererkennen, was soeben beschrieben wurde, wenn Sie ähnliche Strategien benutzen, um Feigheit und Ängstlichkeit zu überwinden, die Sie oft überfallen, dann sind Sie zum Kern dessen vorgedrungen, worum es in diesem Buch geht. Tatsächlich nannten wir es deshalb *Kaltakquise für Angsthasen*. Denn hier möchte ich Ihnen zeigen, wie Sie ein Angsthase bleiben können, ein noch schlimmerer Angsthase werden können und gleichzeitig so wenig Angst verspüren können wie nie zuvor.

### Paradoxe Intention

Nach Ende des Zweiten Weltkriegs tauchte ein jüdischer Psychologe namens Viktor E. Frankl wieder aus einem Konzentrationslager der Nazis auf. Seine ganze Familie war ums Leben gekommen, und er schrieb ein Buch mit dem Titel *Man's Search for Meaning*« (dt. Titel: *Der Mensch vor der Frage nach dem Sinn*) über die Wege, die er fand, um mit dem Schrecken und Trauma dieser Erfahrungen umzugehen. Das Buch wird noch immer nachgedruckt, und vielleicht finden Sie es genauso inspirierend und erhebend, wie ich es fand. Der Teil, den Sie und ich unmittelbar anwenden können, ist in der zweiten Hälfte mit der Überschrift »Logotherapie in einer Nussschale« enthalten. Beim Lesen dieser Lektion werden Sie auf eine Theorie stoßen, die Frankl »das Gesetz der paradoxen Intention« nennt.

In groben Zügen bietet das Gesetz der paradoxen Intention eine effektive Methode an, mit jeder Situation umzugehen, die Gefühle von großer Ängstlichkeit oder Beklemmung auslöst. Im Wesentlichen besagt das Gesetz, dass man nicht versuchen sollte, ängstliche Gefühle zu eliminieren, indem man mutig und tapfer ist, und auch nicht versuchen sollte, das Flattern mit unzähligen Tassen Kaffee loszuwerden oder durch andere Ersatzhandlungen.

Stattdessen sollten Sie alles tun, was in Ihrer Macht steht, um zu versuchen, sich noch schlimmer zu fühlen! Der beste Weg, das zu tun, ist »method acting« (Schauspielen nach der Strasbergmethode). Wie das aussieht? Es ist simpel, wenn auch ein bisschen verrückt!

Suchen Sie sich ein ruhiges Plätzchen. Ein Zimmer mit einer abschließbaren Tür, in dem Sie nicht beobachtet werden können und in dem Sie ziemlich sicher sein können, in den nächsten zehn Minuten nicht gestört zu werden. Dann, in dieser absolut sicheren Umgebung, spielen Sie die Rolle eines richtigen Feiglings! Niemand kann Sie sehen oder hören, also fangen Sie an, tun Sie, was immer Sie tun würden, wenn sie ein zutiefst verängstigter, zitternder Kaltakquise-Angsthase wären!! Hyperventilieren Sie, weinen Sie, schluchzen Sie, wälzen Sie sich auf dem Boden, wiegen Sie sich vor und zurück, rollen Sie sich in einer Ecke wie ein Fötus zusammen, ziehen Sie an Ihren Haaren, machen Sie einen Knoten nach dem anderen in Ihr Taschentuch, das ist ganz Ihnen überlassen. Es ist Ihre Schreckensfantasie. Halten Sie nichts zurück, warum sollten Sie auch? Niemand sonst kann Sie sehen. Tun Sie das, ohne Unterbrechung, fünf bis zehn Minuten lang. Dann hören Sie auf.

Sie werden feststellen, dass etwas Großartiges passiert ist. Sie werden sich nicht mehr ängstlich fühlen! Denken Sie an alles, was Sie zuvor geängstigt hat (Kaltanrufe in Ihrem Fall), und Sie werden entdecken, dass das Gefühl des Schreckens völlig verbraucht ist. Sie werden dies in regelmäßigen Abständen wiederholen müssen, nur um Ihre Psyche daran zu erinnern, dass Sie in der Tat ein »Angsthase«

bleiben müssen. Tatsächlich möchte ich, dass Sie noch einen Schritt weiter gehen, genau wie ich es tue, und sich eine weiße Blanko-Karteikarte besorgen. Sie sollte etwa 10 mal 15 Zentimeter groß sein. Jetzt schreiben Sie in großen Buchstaben Folgendes darauf:

## Angsthase

Stellen Sie diese Karte, immer wenn Sie sich an die Kaltakquise machen, vor Ihr Telefon. Psychologen nennen dieses wohlbekannte Phänomen das Gesetz der paradoxen Intention. Ich kann Ihnen zwar nicht erklären, wie das alles funktioniert. Oder warum das körperliche Ausagieren einer voraussichtlich schlechten Situation die meiste Angst einfach verschwinden lässt. Ich kann Ihnen aber etwas über ein grandioses Beispiel erzählen, das sich vor drei Jahren in London nach einem unserer Seminare für Kaltakquise-Angsthasen ereignete. Am Ende von vielen dieser Versammlungen lungern immer noch ein paar Leute herum, um ein paar abschließende Fragen zu stellen oder verschiedene Punkte zu klären. Bei dieser Gelegenheit sprach mich ein großer Mann an, der sehr raubeinig aussah. Er erzählte, dass er in Nordlondon einen Klempnerei-Notdienst eröffnet habe. Er sei zu der Veranstaltung gekommen, um ein paar Tipps aufzuschnappen, wie er sein neues Unternehmen bekannt machen könne. »Ich weiß über all diesen Kram Bescheid«, sagte er, »eigentlich glaube ich, eine Menge davon ist ein Haufen Scheiße, nur, damit Sie's wissen (*Mensch, danke!*). Aber da gibt es nur ein Problem«, sagte er. »Ich weiß, dass ich Kaltanrufe machen muss, und ich hasse es. Also, hier ist der Deal: Ich werde

Ihre paradoxe ›Methode‹ in den nächsten paar Wochen ausprobieren. Wenn sie nicht funktioniert, geben Sie mir mein Geld zurück. Abgemacht?«

Gut, da »Geld zurück bei Unzufriedenheit« ein Teil unserer Kundendienststrategie ist, machte es mir nichts aus, einzuwilligen, auch wenn es mir nicht besonders verlockend schien, von ihm und einigen seiner Kumpel bei Versagen der von mir angepriesenen »Methoden« in die Mangel genommen zu werden. Zwei Wochen später klingelte mein Telefon, er war es wieder. »Mr. Evrington? Ja? Ich war bei Ihrem Seminar, wissen Sie noch?« (*Wie könnte ich es vergessen haben?*) Tja, ich dachte bloß, ich sollte Sie wissen lassen, diese paradoxe Angsthasen-Sache ... sie funktioniert! Aber wie?«

Ich muss sagen, ich war nicht in der Lage, es ihm zu sagen. Genauso wenig, wie ich weiß, wie Schwerkraft funktioniert oder wie Elektrizität aus einer Wandsteckdose kommt oder warum ein Toastbrot immer mit der Butterseite nach unten auf den Boden fällt, es ist einfach so. Also probieren Sie es selbst aus und sehen Sie, was ich meine. Schließlich, was haben Sie zu verlieren? Sie großer Kaltakquise-Angsthase!

# Lektion 4

Es gibt für jedes Unternehmen nichts Wichtigeres als den Vertrieb.
Ohne Vertrieb ist alles andere bedeutungslos.

*Billy Holmes – Sales Training Manager*
*Rank Xerox UK, 1970*

*Kaltakquise für Angsthasen.* Bob Etherington
Copyright © 2008 WILEY-VCH Verlag GmbH & Co. KGaA, Weinheim
ISBN: 978-3-527-50379-7

# Erzählen ist nicht gleich Verkaufen

Sokrates war ein Mann, der herumging und den Leuten Ratschläge gab – also töteten sie ihn.

*Die Antwort eines 11-jährigen Jungen, als er aufgefordert wurde, den Philosophen zu beschreiben*

Viele Leute, zu deren Job das »Verkaufen« gehört, haben Kurse besucht, Bücher gelesen, sich Tonbänder und CDs angehört oder das Internet nach entsprechenden Websites durchkämmt, um ein paar Tipps zum Thema zu bekommen. Das Problem ist, dass eine Menge dessen, was momentan erhältlich ist, auf Methoden der alten Schule basiert (siehe S. 21), deren Anwendung im 21. Jahrhundert nicht sonderlich hilfreich ist. Wenn aber die Informationen topaktuell und auf den modernen Markt zugeschnitten sind, werden sie zwar wahrgenommen, doch (Medienberichten zufolge) weitgehend ignoriert. Die Informationsempfänger glauben es tatsächlich besser zu wissen und sehen keine Notwendigkeit, den neueren Empfehlungen zu folgen. Sie glauben, dass ihr Produkt oder ihre Dienstleistung anders ist und dass für sie kaum die Notwendigkeit besteht, sich mit den topaktuellen, erwiesenermaßen gültigen Verkaufsmethoden vertraut zu machen.

Wenn die meisten Menschen versuchen, andere Menschen zu überzeugen, etwas zu tun, neigen sie dazu, es mit Reden bzw. »Zutexten«, übermäßigem Anpreisen und Präsentieren zu versuchen. Sie quasseln und quasseln und quasseln und haben wenig Gespür dafür, wie schnell derjenige, der zum Kauf überredet werden soll, dabei abschaltet.

Die einfache Wahrheit ist, dass der menschliche Verstand flatterhaft und schnell gelangweilt ist. Auch wenn einzelne Verkäufer

*Kaltakquise für Angsthasen.* Bob Etherington
Copyright © 2008 WILEY-VCH Verlag GmbH & Co. KGaA, Weinheim
ISBN: 978-3-527-50379-7

denken, die tollsten Verkaufsgespräche aller Zeiten führen zu können, wenn sie dabei das Gehirn des Gesprächspartners nicht ständig stimulieren, wenn der andere Mensch nicht in die Unterhaltung einbezogen wird, kommt eine wirkliche Kommunikation kaum oder gar nicht zustande. Anders gesagt, und im Kontext dieses Buches, in dem es speziell um die Kaltakquise geht, wird Ihr potenzieller Kunde am anderen Ende der Leitung nicht nach zwei Minuten »abschalten«,

»... nicht nach eineinhalb Minuten ... nicht einmal nach einer Minute!

Die Gedanken Ihres potenziellen Neukunden werden nach weniger als 30 Sekunden beginnen abzuschweifen, wenn Sie einen klassischen ›Kaufüberredungs‹-Anruf machen.«

Dies ist der Grund, warum mehr als 90 % der Entscheidungsträger Ihnen sagen werden, dass sie sich niemals bemühen, einen Kaltanruf entgegenzunehmen, und beinahe genauso viele können sich nicht erinnern, jemals einen Kaltanruf bekommen zu haben, bei dem ihnen irgendetwas angeboten worden wäre, das zum damaligen Zeitpunkt für ihr Unternehmen dienlich gewesen wäre. Der Grund dafür, dass wir dieses Problem haben, kann am besten durch das Schaubild weiter unten veranschaulicht werden, das die Sicht des potenziellen Neukunden zeigt, bevor er einen Anruf eines Verkäufers bekommt. Vielleicht gibt es ein kleines Problem irgendwo, das möglicherweise eines von vielen ist. Vielleicht hat der Kaltanrufer eine Lösung dafür. Wie auch immer, bislang war es nicht wichtig genug, als dass der Käufer viel Zeit, Mühe oder Geld darauf verschwendet hätte.

Wenn der durchschnittliche Kaltanrufer es erst einmal geschafft hat, zum potenziellen Käufer vorzudringen, neigt er dazu, schnell draufloszuquasseln, zu überzeugen, zu reden und ganz allgemein über das Produkt oder die Dienstleistung, die er an den Mann oder die Frau bringen will, zu reden, zu reden und zu reden.

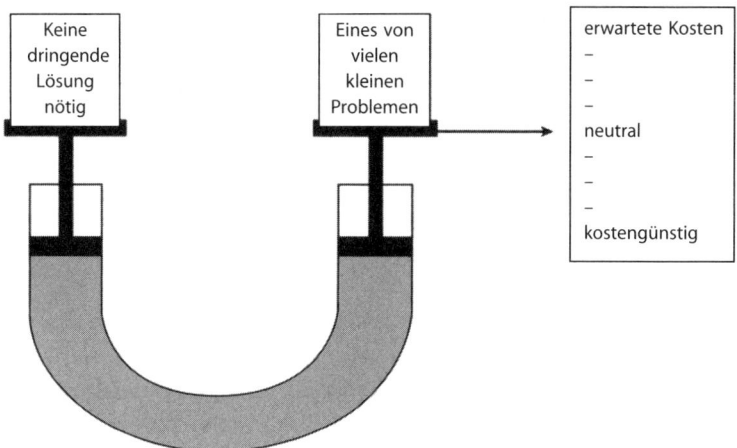

Worüber geredet wird, sind die Leistungsmerkmale – was wird angeboten, wie funktioniert es, wie lange ist die Firma schon im Geschäft, wie viele Kunden hat sie, wie groß oder klein ist sie, wie effizient, wie schnell, wie verlässlich ist sie? Das Verkaufsgespräch läuft gewöhnlich folgendermaßen ab:

*»Oh, guten Morgen, ist da Herr Neukunde? Ja? Wie geht es Ihnen heute? Großartig!! Das ist nur ein höflicher Informationsanruf. Ich arbeite für die Lagerfirma Grinders. Haben Sie schon von uns gehört? Nein!? Nun ja, wir sind ein selbstständiges Lagerhaus hier vor Ort, zwar nicht eben das größte, aber wir tun unser Bestes (ha, ha). Als Lagerfirma können wir Ihnen viele verschieden große Lagereinheiten von 10 Kubikmetern bis zu 1000 Kubikmetern zu sehr günstigen Konditionen anbieten. All unsere Einheiten werden 24 Stunden am Tag, 7 Tage die Woche vom Sicherheitsdienst beschützt und betreut. Jede Einheit ist sauber und trocken, und jeder Kunde bekommt sein eigenes Vorhängeschloss und seinen Schlüssel ... doch es steht Ihnen nach Wunsch frei, Ihren eigenen zu benutzen. Wir bieten montags bis freitags von 6 Uhr bis 20.30 Uhr Zugang zu den Lagereinheiten und an den Wochenenden von 7 Uhr bis 19 Uhr. Außerhalb dieser Zeiten ist der Zugang nur nach spezieller Vereinbarung möglich, wobei eine Gebühr anfallen kann, die aber nur nominell ist, also nichts, worüber man sich Sorgen machen müsste. Und ich sollte Ihnen auch sagen, dass die Benutzung unserer internen Transporteinrichtungen – Gabelstapler etc. – im Preis inbegrif-*

*fen ist und wir auch Angebote für die Transporte von Ihrem Betriebs-*
*gelände zu unserem Lager und zurück machen können ... wenn Sie*
*dies benötigen. Seit über zehn Jahren sind wir in diesem Teil des Landes*
*etabliert. Eine Menge örtlicher Unternehmen sind bereits reguläre Kun-*
*den, und wir fragen uns, ob auch Sie vielleicht unsere Dienste irgend-*
*wann gebrauchen könnten. Möglicherweise ... bald ... oder vielleicht ir-*
*gendwann in der Zukunft? Herr Neukunde? Sind Sie noch dran? Wie*
*viel das alles kostet? Nun ja, es kommt darauf an, was Sie wollen. Viel-*
*leicht könnte ich einmal einen Termin mit Ihnen vereinbaren? ...*
*Nein? ... Ihnen eine Broschüre senden? Natürlich werde ich das ...*
*aber Sie denken nicht, dass Sie unsere Dienste momentan in Anspruch*
*nehmen möchten? Nein? Das dachte ich mir schon. Aber, wie gesagt, es*
*war nur ein Höflichkeitsanruf, auf gut Glück. ... Trotzdem, es war nett,*
*mit Ihnen zu sprechen ... danke für Ihre Zeit. Auf Wiederhören.«*

Das Problem hier ist, dass der Neukunde vielleicht wirklich ein
Lagerproblem hatte, mit dem sich der Kaltanrufer hätte befassen
können. Wie auch immer, der Kaltanrufer war so eifrig (wie sie es
gewöhnlich sind), den Neukunden mit seinem Werbetext zu über-
schütten, dass Folgendes passierte:

Sowie der Kaltanrufer einmal zu reden begonnen hatte, ließ er
nicht mehr locker. Den natürlichen Funktionsgesetzen des durch-

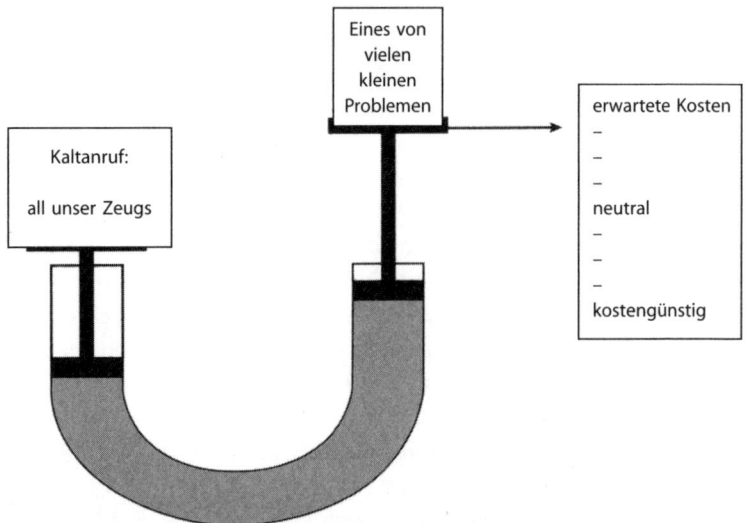

schnittlichen menschlichen Gehirns folgend hat der Kunde 30 Sekunden nach Beginn des Verkaufsgesprächs nicht mehr richtig zugehört, denn er wurde nicht im Geringsten am Gespräch beteiligt. Doch während der Anrufer immer weiter eintönig eine Menge Fakten über sein Unternehmen herunterleierte, argwöhnte der Kunde, dass, was auch immer der Anrufer verkaufen wollte, es bestimmt teuer sein würde. Es gibt einen direkten Zusammenhang zwischen einem Verkäufer, der über all sein Zeugs redet, und einem Kunden, der früh Bedenken wegen der Kosten anmeldet.

Das Endresultat ist typisch für die meisten Kaltanrufe und äußerst vorhersehbar. Der potenzielle Kunde weiß, dass das Verkaufsgespräch zu Ende ist, weil keine Stimme mehr auf seine Ohren eindröhnt. Er ist höflich und hat gute Manieren, außerdem hat jemand anderntags vielleicht wirklich irgendein unklares Lagerungsproblem ihm gegenüber erwähnt, also fragt er routinemäßig, wie viel die Dienstleistung kosten würde. Das Problem ist definitiv nicht dringlich genug, als dass er das Bedürfnis hätte, einen Termin mit dem Verkäufer zu vereinbaren, also fragt er nach einer Broschüre, und … das war's.

Die Broschüre wird, wenn sie ankommt (*wenn* sie tatsächlich ankommt [mehr dazu später]), auf einem Haufen anderer Broschüren in der Ecke landen. Das kleine Problem wird durch neue Probleme subsumiert und weiter auf Eis gelegt. Die Broschüre wird unvermeidlich beim Frühjahrsputz im Müll landen. Der Anrufer wird nie mehr anrufen … »keine Erfolgsaussichten!«

Sie werden aus dem Schaubild oben ersehen können, dass die wirkliche Ursache des Problems das Gewicht der Fakten und Besonderheiten ist (das Zeugs), die vom Verkäufer angepriesen werden. Weit davon entfernt, die Aufmerksamkeit des potenziellen Kunden auf sein spezifisches, wenn auch noch »uneingestandenes« Problem zu lenken und auszuweiten, hat er es völlig ignoriert. Der Anrufer glaubte, wie das die meisten Vertriebsleute tun, dass die Kunst des Verkaufens nur darin besteht, all seine tollen Sachen so schnell wie möglich vor dem Kunden aufzutürmen. Der mögliche Kunde, so die Theorie, wird sich dann alles ansehen, was vor ihm aufgestapelt ist (in diesem Fall akustisch), und die Stücke auswählen, die er haben möchte. Nach einer weiteren kleinen Unterhaltung ist der Handel perfekt.

»Ah ... die Theorie ist großartig ... leider funktioniert sie nicht so«.

Die Kunst der beruflichen Überzeugung in jeder Phase, die Kaltakquise eingeschlossen, besteht nicht im Reden, in einem flotten Mundwerk, in der Präsentation oder der Überredung.

Zahllose Experimente und eine gewaltige Menge wissenschaftlicher Forschungsarbeiten zeigen, dass Leute, Kunden, potenzielle Kunden (und denken Sie daran, das sind manchmal auch Sie und ich) am besten dadurch überzeugt werden, dass sie sich selbst überzeugen. *Der beste Weg, einen potenziellen Kunden zu überzeugen, ist, dafür zu sorgen, dass der potenzielle Kunde selbst die meiste Zeit redet.* Die wahre Kunst und Lehre des Verkaufens liegt *nicht im überzeugenden »Reden«,* sondern im *dialogorientierten »Fragen«.*

Kurz gesagt, die besten Verkäufer und Kaltanrufer machen eine Sache anders. Und das sollten Sie auch tun:

> **Stellen Sie mehr Fragen!**

## Was für Fragen spricht

Ich hätte gern, dass Sie einen Moment innehalten und mir bei einem kleinen Experiment helfen. Dazu würde ich Ihnen gern eine Frage stellen:

Das Hemd oder das Oberteil, das sie gerade anhaben ... wo haben Sie es her?

... Haben Sie gerade kurz darüber nachgedacht? Wissen Sie es noch genau? Tatsächlich spielt es keine große Rolle, wo Sie es herhaben. Aber was ich jetzt gern von Ihnen möchte, ist, darüber nachzudenken, was genau in diesem Moment zwischen Ihnen und mir passiert ist. Geradewegs aus den Seiten dieses Buches heraus habe ich Ihnen eine Frage gestellt ... und was mussten Sie daraufhin gleich tun? Sie mussten *denken,* nicht wahr? ... Tatsächlich mussten *Sie* über etwas nachdenken, über das *ich* Sie nachdenken lassen wollte. Das ist die ungeheure Macht von Fragen. Wenn Sie jemandem eine Frage stellen, ist es, als würden Sie ihn am Kragen zu packen bekommen und ihn zu sich ziehen. Er ist gezwungen, daran zu denken, woran Sie ihn denken lassen wollen.

Wenn Sie mir die Verwendung eines eher makabren Bildes erlauben: Ein guter Folterer beispielsweise bräuchte Sie nicht mit seinen »Zahnwerkzeugen ohne Betäubung« zu berühren. Alles, was er tun müsste, wäre, Ihre eigene Vorstellungskraft für sich arbeiten zu lassen, damit Sie ihm erzählen, wo das »Gold versteckt« ist. »Werden Sie mir sagen, wo Sie es versteckt haben?«, würde er vielleicht fragen, sehr freundlich, während er seine Instrumente enthüllt, während Sie, festgeschnallt auf dem Stuhl, ihm ängstlich dabei zusehen. »Nein, natürlich werden Sie das nicht tun … Sie sind viel zu tapfer.« Er fährt fort: »Aber wie wird es wohl morgen früh sein, wenn ich anfange, ein paar lose Füllungen in Ihrem Mund zu erforschen? Dann anfange, ein paar völlig gesunde Zähne zu ziehen?« – »Entsetzlich«, murmeln Sie. Ihre Vorstellungskraft macht schon Überstunden. »Ja. ›Entsetzlich‹ ist wohl ein gutes Wort in diesem Zusammenhang«, fährt er fort. »Jedenfalls werde ich Sie jetzt verlassen und morgen noch mal vorbeischauen, um zu sehen, ob Sie Ihre Meinung geändert haben. Wenn es Ihnen nichts ausmacht, werde ich all diese Sachen hier stehen lassen, wo Sie sie sehen können, bereit zum Einsatz morgen früh. Auf Wiedersehen fürs Erste.« Jetzt seien Sie ehrlich, wenn er am nächsten Morgen zurückkommt, nachdem er Sie eine Nacht sich selbst überlassen hat, um die Dinge zu überdenken, denken Sie, dass Sie ihm erzählen werden, was er wissen will? Jede Wette, dass Sie es tun.

In gleicher Weise gilt: Wenn wir Ideen an Leute verkaufen, verkaufen wir tatsächlich Problemlösungen. Doch wenn der potenzielle Kunde noch nicht begonnen hat, über das spezifische Problem, das er hat, nachzudenken, zunächst grundsätzlich, dann detaillierter, gibt es nur eine kleine Chance, dass er jemals erwägen wird, Ihre Lösung zu kaufen.

Der einzige Wert, den Sie einem potenziellen Kunden anbieten können, ist Ihre mögliche Fähigkeit, ein Problem zu lösen. Es ist für einige Kaltakquise-Trainees überraschend, wie sehr potenzielle Kunden bereit sind, ihnen von ihren Problemen zu erzählen, wenn sie ehrlich daran interessiert zu sein scheinen. Wenn Sie potenzielle Kunden zum Reden ermutigen, indem Sie ihnen Fragen stellen – sorgfältig überlegte Fragen – über die Probleme, die Sie lösen können, verändert sich das Schaubild, das wir uns angesehen haben, auf eine andere Weise. Indem Sie sich Zeit nehmen, den I. K. E. A.-Plan vorzubereiten und anzuwenden (weiter vorn in diesem Buch vorgestellt), werden Sie bemerken, dass Ihr Kaltanruf:

- zielgerichteter wird,
- sich auf potenzielle Kunden richtet, die typischerweise die Art, von Problem haben, für welches Sie eine Lösung anbieten
- dafür sorgt, dass der potenzielle Kunde sich aktiv am Gespräch beteiligt,
- Ihre Chance vergrößert, dass der potenzielle Kunde wirklich Ihre Fragen mit dem potenziellen Problem, das sie oder er hat, in Verbindung bringt,
- die Wahrscheinlichkeit minimiert, dass er oder sie Einwände erhebt und Sie zurückweist,
- Ihnen eine um 20 % größere Chance gibt, dass Sie und der potenzielle Kunde mit einem befriedigenden Ergebnis aus dem Gespräch gehen.

Welche Fragen werden Sie also dem potenziellen Kunden stellen, wenn Sie Ihren Kaltanruf machen? Wie werden Sie einige Fra-

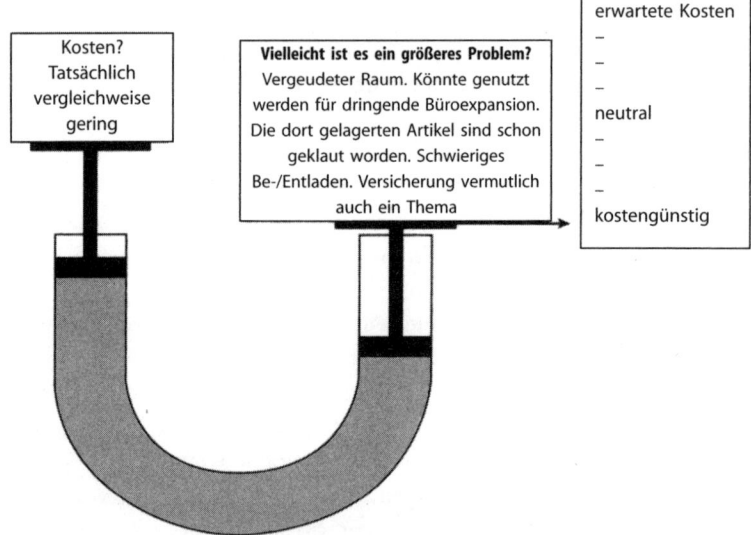

gen aufbauen, damit der Kunde über die Probleme nachdenkt, die er oder sie hat – die Probleme, die Sie lösen können?

Die Herausforderung liegt für Sie darin, zu bestimmen, jetzt gleich, welches genau die Probleme sind, die Sie für die Leute lösen, die Ihre Kunden werden. Der Problemlösungsfaktor ist die einzige Größe. Es spielt keine Rolle, um welche Art von Produkt es sich handelt. Denn wenn es sich *verkauft*, dann *löst* es ein Problem für jemanden.

Ich bin immer überrascht, wenn ich Vertriebsleuten die Frage stelle: »Welches Problem, welche Probleme lösen Sie für Ihre Kunden?« Sehr viele von ihnen können entweder auf die Schnelle keine Antwort geben oder lassen eine lange Erklärung vom Stapel, die trotzdem keine klare Vorstellung erkennen lässt, warum wohl bestehende Kunden ihr Produkt oder ihre Dienstleistung kaufen. Sie wissen es einfach nicht. Es ist deshalb wenig verwunderlich, dass sie bei Kaltanrufen so viele Zurückweisungen kassieren. Sie haben nicht die geringste Vorstellung, wie sie Wertschätzung in den Köpfen ihrer potenziellen Kunden erzeugen können, weil sie nichts über die Probleme wissen, die sie für sie lösen können.

## Die Probleme, die wir alle lösen

Dieses Buch beispielsweise ist darauf angelegt, ein Problem zu lösen, das Sie vielleicht bei der Anbahnung geschäftlicher Kontakte haben. Eine Tasse löst das Problem, wie Sie Flüssigkeit in Ihren Körper bekommen, ohne dass die Hälfte danebengeht. Ein Auto löst ein Problem des privaten Transports, und wenn es ein teures ist, löst es vielleicht auch ein Imageproblem des Fahrers. Fragen Sie sich: Welches Problem oder welche Probleme werden durch eine Tapete gelöst? Wie steht es mit einer Bank, einer Druckerei, einem Reinigungsdienst, einem Wasserspenderlieferanten? Wie steht es mit McDonald's im Vergleich zu einem Straßencafé an der Haupteinkaufsstraße?

Was es hier zu erkennen gilt, ist, dass die Kunden selten das kaufen, *was* ein Produkt ist. Wie es gemacht wird, aus welchen Teilen es besteht, wie viele Leute in der Firma arbeiten und all die anderen so genannten »Merkmale« sind im Allgemeinen von flüchtigem Interesse. Das eigentliche Thema ist: »Was tut das Produkt oder die Dienstleistung (oder könnte es tun) für mich? Welches Problem wird hierdurch gelöst? Was springt dabei für mich heraus?« Oder, wie Helena Rubinstein es so unvergesslich ausgedrückt hat: »In den Fabriken stellen wir ›Make-up‹ her, aber in den Läden verkaufen wir Hoffnung.«

Das Wichtigste, das Ihnen über Ihr Produkt oder Ihre Dienstleistung bewusst werden muss, ist, dass es drei Grundbestandteile hat. Diese sind seine Eigenschaften, seine Vorzüge und sein Nutzen. Jetzt höre ich an diesem Punkt schon viele alte Verkaufshasen laut gähnen, was auch recht verständlich ist. Was als »Eigenschaften/Nutzen«-Verkauf bekannt ist, gibt es schon seit den 1960er Jahren. Doch Tatsache ist, dass die Mehrheit der Vertriebsleute mit seltsamen Antworten aufwartet, wenn sie gebeten werden, jeden Bestandteil zu definieren und ihn mit ihrem eigenen Produkt in Beziehung zu setzen. Meistens verstehen sie es ganz falsch. Doch eine klare Vorstellung von diesen Bestandteilen ist hundertprozentig notwendig, bevor man anfangen kann, die Fragen für seinen Kaltanruf zu konzipieren.

### Eigenschaften

Eine so genannte »Eigenschaft« eines Produktes ist ein grobes Faktum über dieses. Zum Beispiel gucke ich auf das Telefon auf dem Schreibtisch in meinem Arbeitszimmer. Dies sind die zehn Eigenschaften, die ich Ihnen über das Telefon mitteilen kann, einfach indem ich es mir ansehe.

- Es ist ein Telefon, das es mir ermöglicht, mit Leuten zu reden.
- Es hat zwölf Haupttasten mit aufgedruckten Nummern.
- Es hat fünf silberne Funktionstasten.
- Es hat eine Lautsprecherfunktion.
- Es hat ein LCD-Display.
- Es hat ein abgerundetes Design.
- Es hat ein schwarzes Plastikgehäuse.
- Es speichert bis zu 100 Rufnummern.
- Es hat fünf verschiedene Klingeltöne.
- Es ist schnurlos.

Jeder dieser Punkte ist ein grobes Faktum über das Telefon. Wenn jemand mir dieses Telefon verkaufen wollte, egal wer, wäre er gut beraten, sich vorher eine Antwort zu überlegen auf die Frage, die sich nach jeder Aussage aufdrängt: »Na und?«

Jedes dieser Merkmale ist nur dann als Verkaufsargument von Nutzen, wenn ich (der potenzielle Kunde) das Problem erkenne, das ich haben würde, wenn das Telefon die entsprechende Eigenschaft nicht hätte. Es ist sinnlos, vom Kunden zu erwarten, dass er automatisch eine Verbindung herstellt zwischen den sichtbaren Merkmalen und der Art, wie sie bei der Lösung eines Problems helfen würden. Sie, der Verkäufer, müssen dies für ihn tun. Nicht, weil die Leute zu dämlich dazu wären, sondern weil sie faul sind.

Also, wenn Sie ein Produkt oder eine Dienstleistung im Sinn haben, genau jetzt, für die Sie gern so bald wie möglich mit der Kaltakquise beginnen möchten, fangen Sie unverzüglich mit diesen Schritten an:

1. Nehmen Sie sich ein Blatt Papier zum Schreiben.
2. Legen Sie es quer vor sich.
3. Teilen Sie es mit einem Stift in drei Spalten ein, über die erste schreiben Sie »Eigenschaften«.
4. Listen Sie darunter die Haupteigenschaften oder groben Fakten über das Produkt auf.

Wenn Sie das getan haben, ist Ihr nächster Schritt, zur zweiten Spalte zu gehen und »Vorzüge« darüber zu schreiben. Jede der Eigenschaften, die Sie in die erste Spalte geschrieben haben, wird ei-

| Eigenschaften | | |
|---|---|---|
| 1. ........................... | | |
| 2. ........................... | | |
| 3. ........................... | | |
| 4. ........................... | | |
| 5. ........................... | | |
| 6. ........................... | | |
| 7. ........................... | | |
| 8. ........................... | | |
| 9. ........................... | | |
| 10. ........................... | | |

ne oder mehrere mögliche »Vorzüge« haben, die damit verbunden sind. Vorzüge bedeutet »potenzieller Nutzen«, und Nutzen bedeutet nichts anderes als Lösung für ausdrücklich eingestandene Probleme. Ein »Vorzug« wird nur dann zum »Nutzen«, wenn der potenzielle Kunde, die Kundin, sich selbst das wahre Ausmaß eines Problems mit all seinen nachteiligen Folgen eingestanden hat (das »K« von I. K. E. A., also der Dominoeffekt). Ein Problem, das für sich allein steht und innerhalb einer Organisation keinerlei Folge- und Nebenwirkungen hat, ist äußerst selten.

Der einfachste Weg, von den Eigenschaften zu den sich daraus ergebenden Vorzügen zu gelangen, besteht darin, Menschen, die Ihr Produkt oder Ihre Dienstleistung bereits nutzen, zu fragen, wie das Leben ohne es wäre. Mit einem brandneuen oder bislang noch nicht auf den Markt gebrachten Produkt müssen Sie sich einfach vorstellen, dass Sie vor einem potenziellen Kunden stehen und ihm eine der Eigenschaften zeigen müssen. Der imaginäre Kunde sieht Sie ausdruckslos an und sagt: »Ja, ... na und?« Es ist jetzt Ihr Job, dem potenziellen Kunden das typische Problem zu beschreiben, das durch diese Eigenschaft gelöst wird.

Denken Sie auch daran, dass die Schlüsselmotivationen, die jeden von uns antreiben, egal was wir tun, in vier Gruppen eingeteilt werden können; im Englischen sind es die so genannten vier P: Power (Macht), Profit (Gewinn), Prestige (Ansehen) und Pleasure (Vergnügen). Jedes Mal, wenn Sie eine Antwort auf das imaginäre »Ja und?« aufschreiben, muss die Antwort direkt oder impliziert eine der Schlüsselmotivationen ansprechen. Einige Definitionen dieser Motivationen sind hier vielleicht nützlich.

Power bezieht sich auf alles, das den Benutzer befähigt, Kontrolle über Vorgänge, Arbeitssituationen etc. zu erlangen und ganz allgemein jedem anderen einen Schritt voraus zu sein.

Profit ist alles, was direkt mit Geld in Verbindung steht – entweder mit Sparen, Kostensenkung, Ausgabenreduktion oder tatsächlich mit Gewinnerzielung. Sie halten vielleicht Profit für das erstrangige Ziel in jedem Wirtschaftsunternehmen, und doch, besonders für einige wohlhabende Individuen, ist es eher eine Art Zahlenspiel, man registriert quasi den »Spielstand«. Der nächste Motivator auf der Liste, »Prestige«, ist für viele weit wichtiger als der Profit.

Prestige betrifft die Art von Ehre und Hochachtung, die einer hochstehenden, einflussreichen oder erfolgreichen Person entgegengebracht wird. Diese Leute verlangen eher einen Rolls Royce als einen Mini, wollen nur den besten Tisch im Restaurant, bestehen darauf, nur in sehr exklusiven Geschäften einzukaufen, sogar Produkte, die sie für viel weniger Geld auch woanders bekommen könnten. Warum? Weil sie es können, und weil sie jeden anderen das auch wissen lassen wollen! Und zuletzt …

Pleasure. Hierunter fällt alles, was mit Bedienungskomfort zu tun hat, einem einfacheren Leben, Spaß, Freude, Essen, Trinken und ganz allgemein mit Glücklichsein.

Also, sind Sie nun bereit? Sehen Sie sich jede Eigenschaft an, stellen Sie sich das »Ja, und?« vor und schreiben Sie Ihre Antwort auf. Zum *Beispiel*:

Eigenschaft: Dieses Telefon hat ein LCD-Display.

Vorteil: »Wenn Sie einen Anruf bekommen, wird ein Blick auf das Display, bevor Sie den Hörer aufnehmen, es Ihnen ermöglichen zu sehen, welche Nummer anruft. So können Sie entscheiden, welche Anrufe Sie entgegennehmen wollen und welche nicht« (Power-Motivation).

Denken Sie daran, dass sehr oft mehr als ein Vorzug mit einer Eigenschaft verbunden ist. Gehen Sie die Liste durch und notieren Sie jeden, der Ihnen einfällt. Wenn Sie dies erst einmal getan haben, können Sie mit der wichtigsten Aufgabe von allen beginnen … einige Fragen vorzubereiten zu Problemen, von denen Sie wissen, dass Sie sie lösen können.

Viele Leute, die, genau wie ich, in der alten Manier des Eigenschaften/Nutzen-Verkaufens ausgebildet wurden, gewöhnten sich einfach daran, Eigenschaften in Nutzen umzusetzen und diesen dann in überaus enthusiastischer Art dem potenziellen Kunden anzupreisen und das Beste zu hoffen. Was wir damals als Nutzen bezeichneten, war eigentlich nur potenzieller Nutzen oder das, was wir hier Vorteile nennen würden. Wir hatten keine der auf wissenschaftlicher Forschung basierenden Techniken, die inzwischen für Vertriebsleute des 21. Jahrhunderts verfügbar sind. Wir wurden ebenfalls in etwas ausgebildet, was »Sondierung« genannt wurde, eine sehr zusammengepfuschte Art der Fragestellung, die nicht so zielgerichtet und ausgeklügelt war wie die Fragetechniken, die Sie im Begriff sind zu lernen und anzuwenden.

Fragefertigkeiten, basierend auf Eigenschaften, Vorteilen und Nutzen, sind das Herzstück jeder effektiven Kaltakquise. Doch wie wir diese Fertigkeiten einsetzen, variiert je nach dem Zweck des Anrufs.

Jetzt ist der Moment gekommen, in dem Sie sich überlegen müssen, welchen Zweck Ihr Kaltanruf erfüllen soll. Was ist Ihr Ziel:

A. Einen Termin für ein persönliches Verkaufsgespräch zu vereinbaren?

B. Ein Produkt oder eine Dienstleistung direkt am Telefon zu verkaufen?

Die beiden Ziele differieren hauptsächlich in der Art der Fragen, die wir stellen. Wenn Sie einen Kaltanruf tätigen, um ein Produkt direkt am Telefon zu verkaufen, werden Sie merken, dass die Art von Fragen, die auf Besorgtheit abzielen und die wir concern questions nennen, am nützlichsten sind. Wenn Sie andererseits einen Kaltanruf mit dem Ziel einer Terminvereinbarung für ein persönliches Gespräch machen, werden Sie merken, dass Fragen, die auf commitment (Engagement und Zusicherung) und consistency (Konsistenz und Pfadabhängigkeit) zielen, weitaus effektiver sind.

## Kaltanruf mit dem Ziel der Terminvereinbarung

Wenn ich die Zuhörer in unseren offenen Seminaren bitte, mir das Ziel ihrer Kaltanrufe zu nennen, ist die häufigste Antwort, die ich bekomme: »Um einen Termin zu vereinbaren.« Also werden wir hier beginnen.

Einen potenziellen Kunden dazu zu bekommen, dass er als Ergebnis Ihres Kaltanrufs darin einwilligt, einen Termin mit Ihnen zu vereinbaren, verlangt von Ihnen, dass Sie das I. K. E. A.-Modell klar im Kopf haben. Der potenzielle Kunde wird Ihnen keinen Termin geben, nur weil Sie sich am Telefon wie eine nette Person anhören.

»Guten Morgen, Herr Neukunde, mein Name ist Joe Bloggins von Emergency Computer Associates. Sagen Sie bitte, sind Sie die Person, welche die Wartung der Computer betreut? Sehr gut, wir sind Reparaturexperten für Computersysteme hier vor Ort, und ich würde gern wissen, ob ich einen Termin mit Ihnen vereinbaren könnte, damit ich einmal vorbeischaue und wir darüber reden können, wie wir Ihnen eventuell von Nutzen sein könnten?«

Ich bekomme täglich mindestens einen Kaltanruf dieser Art von Leuten, die alles mögliche verkaufen wollen, von Bürobedarf bis hin zu Telefondienstleistungen. Was, glauben Sie, sage ich zu ihnen? Richtig: »Nein, danke, wir machen das selbst.« Oder: »Wir haben bereits Anbieter, mit denen wir sehr zufrieden sind.« Oder: »Wir haben keinen Bedarf«, »Wir sind zu klein«, all diesen alten Quatsch.

Tatsache ist, dass die Antwort ziemlich vorhersehbar ist, wenn Sie jemanden bitten – einen potenziellen Kunden –, etwas zu schnell zu tun, oder auf die falsche Art, oder wenn er das Gefühl hat, dass Sie ihn überfahren wollen. Immer, wenn keine der I. K. E. A.-Regeln befolgt wird, handelt der arme Kaltanrufer sich eine Abfuhr nach der anderen ein.

Gelegentlich hat ein potenzieller Kunde vielleicht wirklich genau zu diesem Zeitpunkt einen Computerdefekt bemerkt, und es ist einfach Glück, dass Sie die rechte Person zur rechten Zeit am Telefon sind. Aber darauf können Sie nicht zählen, und diese Auf-gut-Glück-Methode sollte keinesfalls Ihre Kaltakquise-Strategie bestimmen. Also lassen Sie uns wirkliche, wissenschaftlich fundierte Psychologie in den Vorgang einbringen. Schauen wir einmal auf die wissenschaftlichen Erkenntnisse hinter der »Gehirnwäsche«!

Ja, Gehirnwäsche! Weit von der alten Vorstellung einer nackten elektrischen Glühbirne entfernt, die hypnotisierend von der Decke schwingt, während Sie völlig übermüdet gezwungen sind, einer unerbittlichen ausländischen Stimme zu lauschen, die 24 Stunden am Tag ein fremdes politisches Mantra intoniert .... erweist sich dieser Vorgang als weitaus subtiler. Es ist auch ein Vorgang, den Kaltakquise-Angsthasen zu ihrem eigenen, erheblichen Vorteil nutzen können. Er basiert auf folgender Tatsache: Menschliche Wesen, oder konkreter menschliche Gehirne, gehen einen einmal eingeschlagenen Pfad gern weiter.

Von der koreanischen Armee wurde während des Koreakriegs in den frühen 1950er Jahren Folgendes entdeckt: Wenn man einen Gefangenen zunächst dazu brachte, zuzustimmen, dass der Raum, in dem er sich befand, weiße Wände, ein hölzernes Bett, einen Tisch und eine gelbe Tür hatte (eine wahre und nicht zu leugnende Aussage über sichtbare Fakten), würde er ohne Frage auch zustimmen, wenn nach ein paar Tagen eine der Aussagen subtil verändert wurde (z. B. dass die Wände nun cremefarben seien). Innerhalb einiger weiterer Tage ähnlicher subtiler Veränderungen war es durchaus möglich, nur durch Suggestion, den Gefangenen dahin zu bringen, dass er zustimmte, das die Farbgebung des Raums sich total verändert habe (die in Wirklichkeit genauso geblieben war wie zuvor).

Die Entdeckung dieses seltsamen Phänomens ermöglichte es der Armee, dieselben Techniken anzuwenden, um die Gefangenen dahin zu bekommen, eine völlig andere und fremde politische Ideologie zu akzeptieren.

In einem späteren und ähnlichen Experiment in den USA wurde eine zufällig ausgewählte Gruppe von Autofahrern in einer kalifornischen Stadt gebeten, einen sehr kleinen Aufkleber an der Heckscheibe ihrer Autos anzubringen, auf dem stand: »Be a safer driver« (Seien Sie ein sicherer Autofahrer). Nach ein paar Tagen kehrten die Forscher mit einem viel größeren hölzernen Plakat zurück, das dafür vorgesehen war, in den Vorgärten der Autofahrer aufgestellt zu werden. Diesmal stand darauf: »Drive with care« (Fahren Sie vorsichtig). Die Bitte, es aufzustellen, wurde auch an Autofahrer gerichtet, die zuvor nicht gefragt worden waren, das kleine »Heckscheiben«-Schild aufzukleben. Dabei bewaffneten sich die Forscher für ihre Anfrage mit dem Foto eines schönes Einfamilienhauses, das von einem schlampigen, zweitklassigen Schild, welches den Vorgarten verschandelte, fast völlig verdeckt wurde.

Mehr als 80 % der Leute, die nicht gebeten worden waren, den Autoaufkleber anzubringen, lehnten es ab, das große Schild aufzustellen, aber über 75 % der Autofahrer, die zuvor den Aufkleber auf ihre Heckscheibe geklebt hatten, gaben ihre Zustimmung.

Als Erweiterung dieses Experiments wurden Bewohner derselben Stadt gebeten, eine »Haltet-Kalifornien-schön«-Petition zu unterschreiben. Ein paar Wochen danach wurden auch sie gebeten, das große Plakat in ihren Vorgärten zu errichten, und die Hälfte von ihnen willigte ein, obwohl die erste Anfrage eine andere war, sowohl was das Thema (schönes Kalifornien) als auch was die Handlung (Petition unterschreiben) betraf. Es schien nach eingehenderer Analyse der Ergebnisse, dass die erste Aktion die Selbstwahrnehmung der Leute veränderte (»Ich bin ein guter Bürger und Nachbar«) und dass diese veränderte Selbstwahrnehmung sich in der nächsten Handlung widerspiegelte. Eine einmal anerkannte Entscheidung verstärkt sich selbst.

Was hat nun aber, nach dieser kurzen Erklärung der psychologischen Hintergründe unserer Handlungen all das damit zu tun, Kaltanrufe mit dem Ziel einer Terminvereinbarung leichter zu machen?

Zunächst sei gesagt, dass Sie anderen Leuten keine Gehirnwäsche verpassen müssen. Aber das Wissen, wie die menschliche Psyche tendenziell funktioniert, bietet Ihnen ein einfaches und kraftvolles Instrument, um Ihren potenziellen Kunden dahin zu bekommen, »Ja« zu sagen.

### Kinder tun es ganz selbstverständlich

Übrigens, mir wurde vor ein paar Jahren nur deshalb bewusst, wie empfänglich ich selbst für genau diese Technik war, als meine eigene Tochter eine einfache Version davon bei mir anwendete. Sie hatte gerade ihre Führerscheinprüfung bestanden und näherte sich dem Ende ihrer Schullaufbahn, bevor sie in Großbritannien die Universität besuchen sollte. Zum Abschluss sollte es eine Disco in der Schule geben (ohne Alkohol), und sie wollte dabei sein. Etwa eine Woche vorher fragte sie, ob ich sie zur besonderen Belohnung mit dem Familienauto dorthin fahren lassen würde. Mit einem leichten Beklommenheitsgefühl, aber im Vertrauen auf die Tatsache, dass es keinen Alkohol geben würde, stimmte ich zu. Ein paar Tage später übervorteilte sie mich wieder: »Du weißt doch, dass du gesagt hast, dass ich mir Freitagabend das Auto leihen kann?«

»Ja.«

»Na ja, ich habe nicht viel Geld, könntest du mir also ein bisschen was für Benzin leihen?«

»Was? … Gut, ich nehme an … hier hast du es. Geh und mach den Tank voll.«

Donnerstagabend verpasste sie mir den Gnadenstoß. »Dad, du weißt, dass du gesagt hast, dass ich Freitagabend das Auto haben kann?«

»Jaaha.«

»Und weißt du noch, dass du mir Geld für Benzin gegeben hast?«

»Jaaahaaa.«

»Gut, noch eine Sache, ja? Könnte ich bis um 1 Uhr bleiben, bis die Disco zu Ende ist?!«

Nun, was hatte sie bis hierhin getan? Sie hatte ein »Ja«, das Auto ausleihen zu dürfen. Sie hatte dann darauf aufgebaut und ein weiteres »Ja« auf die Bitte um Geld für Benzin bekommen. Die letzte Bitte baute auf zwei vorangegangenen Zusagen auf, und so, hierdurch beeinflusst, sagte ich wiederum »Ja« (und zum Glück für alle ging der Abend reibungslos über die Bühne).

Aber überlegen Sie einmal: Denken Sie, ich hätte »Ja« gesagt, wenn meine Tochter eine Woche vorher direkt gefragt hätte: »Dad, kann ich nächsten Freitag bis 1 Uhr wegbleiben?« Wahrscheinlich – beinahe sicher – nicht! Einfach indem sie auf jeder vorhergehenden Zusage aufgebaut hat, bekam sie das »Ja«, das sie wollte, und dies ist im Wesentlichen die Methode, die Ihrem Kaltanruf zugrunde liegt. Wir nennen es die Pfadabhängigkeitsregel. Sie ist eng mit einer zweiten komplementären Regel verwandt, der Zusicherungsregel, und wir werden beide später in unserem Kaltakquise-Skript benutzen.

Die Zusicherungsregel basiert auf der Tatsache, dass eine Person, wenn sie sich verbal bereit erklärt hat zu handeln, es mit einer mehr als 80-prozentigen Wahrscheinlichkeit auch tun wird. Diese Theorie wurde durch eine Reihe von Experimenten vor ein paar Jahren hervorgebracht, darunter eines, bei dem ein Forscher sich sonnenbadend an einem überfüllten Strand zeigte. Nach etwa einer halben Stunde stand er auf und ging zum Schwimmen ins Meer, wobei er all seine Siebensachen, darunter einen CD-Player, auf seinem Handtuch zurückließ. Nach ein paar Minuten rannte ein weiterer Forscher (in der Rolle des Diebs) über den Strand, schnappte sich den CD-Player auf dem verlassenen Strandtuch und lief damit fort. Nur etwa vier der rund 20 Menschen, die in der Nähe des leeren Strandtuchs in der Sonne lagen, protestierten oder taten irgendetwas, um den Diebstahl zu stoppen. Das Experiment wurde einige Male mit ähnlichen Ergebnissen wiederholt. Einen Tag später lag der sonnenbadende Forscher an der gleichen Stelle am Strand, aber diesmal fragte er die neben ihm Badenden, bevor er ins Wasser ging, ob sie auf seine Sachen »aufpassen« könnten. Alle sagten ihm, sie würden es tun. Diesmal mischten sich beinahe alle Leute ein, die zugesichert hatten, das Eigentum des Sonnenbadenden zu bewachen, als der »Dieb« angelaufen kam und den CD-Spieler schnappte, und bekamen den CD-Player zurück.

Ein anderer Berufszweig, der sich diesen menschlichen Wesenszug gut zunutze macht, ist das Restaurantgewerbe. Eines der größten Probleme ist hier der Kunde, der telefonisch einen Tisch reserviert, aber dann nicht auftaucht. Restaurantbesitzer haben herausgefunden, dass sie dem sehr effektiv entgegenwirken können, indem sie nach erfolgter Reservierung fragen: »Wenn Sie die Reservierung aufheben möchten, werden Sie es uns wissen lassen, nicht wahr?« Mehr als 80 % der Kunden, die zusichern, es zu tun, werden auch tatsächlich telefonisch Bescheid geben, wenn sie nicht kommen können. In Kombination mit der Pfadabhängigkeitsregel ist die Zusicherungsregel ein mächtiges Instrument für Kaltakquise-Angsthasen.

Bewaffnet mit all dem bisherigen Material sind wir jetzt also bereit, ein effektives Kaltakquise-Skript vorzubereiten. Auf Seite 130–134 gibt es einen Skriptentwurf für Kaltanrufe mit dem Ziel, einen Termin zu bekommen. Ich möchte nicht, dass Sie im Hinblick auf Kaltakquise immer an ein »Skript« denken. Solche vorformulierten Texte klingen für die Person, die angerufen wird, immer unecht. Doch in diesem Stadium können sie sehr gut illustrieren, wie ein wirkungsvoller Anruf aufgebaut sein sollte.

Im ersten Teil des Skripts geht es darum, wie Ihr erster Kontakt mit dem Unternehmen (oft mit einem so genannten Türhüter) *diplomatisch* bewältigt werden sollte. Im zweiten Abschnitt können Sie sehen, wie die Regeln von Pfadabhängigkeit und Zusicherung in der Praxis angewendet werden können. Der dritte Abschnitt gibt einen Überblick über einen effektiven Weg, mit allen möglichen Einwänden, auf die Sie unvermeidlich stoßen werden, fertigzuwerden. Hier lohnt sich ein Hinweis darauf, dass Sie weit weniger Einwände werden bewältigen müssen, wenn Sie eine gute Fragemethode in Verbindung mit dem I.K.E.A.-Modell anwenden, als wenn Sie nach der Auf-gut-Glück-Methode vorgehen, derer sich das große Heer der durchschnittlichen Kaltakquise-Angsthasen bedient.

Doch zunächst ein Wort zu Türhütern, Sekretärinnen und persönlichen Assistenten

Ich erwähnte bereits die provozierende, sogar herablassende Art, wie in den 1960er Jahren Verkäufern beigebracht wurde, mit diesen wichtigen, die Führungsebene unterstützenden Mitarbeitern umzugehen. Die Methoden, die uns damals antrainiert wurden, werden heute nicht mehr funktionieren. Ich gebe zu, dass ich mich nicht gerade gern mit Türhütern beschäftige und es wenn möglich vermeide. Doch sie sind ihrerseits auch nur geschulte Profis, die ihren Job machen und in der Hierarchie weit oben stehende einflussreiche Leute schützen, mit denen ich sprechen muss. Also, hier sind einige Leitlinien für den Umgang mit ihnen.

- Zunächst einmal, hier gibt es keine Geheimmethode. Wenn Sie mit ihnen sprechen, müssen Sie die Wahrheit sagen und professionell handeln. Denken Sie an das I und das K von I.K.E.A., Sie müssen absolut sichergehen, dass Sie so viel Informationen gesammelt haben, wie Sie können, bevor Sie den Telefonhörer in die Hand nehmen, und dass Sie volle Kenntnis über die problemlösenden Vorteile Ihres Produktes oder Ihrer Dienstleistung haben.
- Die erste Person, mit der Sie es wahrscheinlich zu tun bekommen, ist jemand in der Telefonzentrale. Stellen Sie sich klar und verständlich vor. Sprechen Sie relativ langsam – dies ist kein Staffellauf, in dem man seine Worte möglichst schnell auf der anderen Seite abladen muss und dann wegrennt.

  Sagen Sie der Person genau, wer Sie sind, und nennen Sie den Namen Ihrer Firma, dann bitten Sie diese Person, Sie mit dem Manager oder Geschäftsführer zu verbinden, den Sie sprechen wollen.

Diese Person sollte diejenige sein, die, wie Ihre Recherche zeigt, am wahrscheinlichsten für die wichtigsten Entscheidungen in Zusammenhang mit dem Vorschlag, den Sie unterbreiten wollen, verantwortlich ist.

Wenn Sie noch nicht sicher sind, fragen Sie nach dem persönlichen Assistenten, der persönlichen Assistentin des Geschäftsführers oder Firmenchefs. Wahrscheinlich werden Sie mit dem persönlichen Assistenten dieser Person verbunden werden, doch trotzdem sollten Sie versuchen, die Person zu bekommen, mit der Sie wirklich sprechen wollen.

Wenn die Person in der Telefonzentrale Ihnen sagt, dass sie Sie mit dem persönlichen Assistenten verbindet, sagen Sie: »Okay, prima.«

- »Guten Morgen … mein Name ist Joe Soundso von Acme Dingsda. Herrn Boss, bitte. Danke … Oh, das ist prima, ich werde mit seiner persönlichen Assistentin sprechen … übrigens, könnten Sie mir bitte sagen, wie sie heißt?« Wenn die Person in der Telefonzentrale Sie durchstellt, sagen Sie zur persönlichen Assistentin:

  »Guten Morgen, mein Name ist Joe Soundso von Acme Dingsda. Spreche ich mit Jean Small, Herrn Chefs persönlicher Assistentin?«

  (Dies hängt natürlich davon ab, ob Sie es geschafft haben, den Namen der persönlichen Assistentin zu erfahren.

Wenn die Person, mit der Sie sprechen, Ihnen sagt, dass sie nicht die persönliche Assistentin, der persönliche Assistent ist, fragen Sie, ob Sie zu ihm/ihr durchgestellt werden können. Wenn Sie schon mit ihr/ihm sprechen, fahren Sie wie folgt fort).

»Könnten Sie mir vielleicht behilflich sein?«

Die Person wird normalerweise etwas sagen wie: »Ja«, oder »Ich werde es versuchen«, oder »Was kann ich für Sie tun?«

Ihre Antwort sollte dann etwa so aussehen:
»Ich bin sehr daran interessiert, einen Ratschlag zu bekommen, wie ich Ihrer Organisation einen strategischen Vorschlag darüber unterbreiten könnte, wie verschiedene Vorteile in *Schlüsselbereichen Ihres Produktes oder Ihrer Dienstleistungen* besser genutzt werden können.«

(Hier ist Vorsicht geboten, nicht zu sehr in die Details zu gehen, andernfalls wird die Person sagen: »Oh ... wir machen das hier betriebsintern« oder »Eigentlich sind wir ziemlich zufrieden mit unserem bestehenden Anbieter«). ... »Können Sie mir sagen, mit wem ich als Erstes sprechen sollte, wer dafür verantwortlich ist und wie ich vorgehen sollte?« Alternativ könnten Sie fragen: »Können Sie mir den besten Weg zeigen, wie ich herausfinde, wer in Ihrer Organisation für den Schlüsselbereich Ihrer Produkte/Dienstleistungen verantwortlich ist?«

- Ab hier liegt es in Ihren Händen. Jetzt haben Sie einen Kontakt mit dem persönlichen Assistenten, der persönlichen Assistentin, nehmen seine/ihre Beratung an und handeln danach. Es ist sehr wichtig, dass Sie dafür sorgen, dass Sie sich an die Art, wie dieses Unternehmen die Dinge angeht, anpassen. Das ist etwa genauso wichtig wie das ganze Angebot, das Sie dort unterbreiten, und Sie haben nun einen potenziellen Verbündeten, der Sie anleiten kann.
- Aber ich habe zu Anfang dieses Abschnitts bereits gesagt, dass ich es, wenn es irgendwie möglich ist, immer vermeide, es mit Türhütern zu tun zu bekommen, und ich empfehle Ihnen, dasselbe zu tun. Lassen Sie mich Ihnen in dieser Hinsicht einige Tipps bezüglich der Tageszeiten und Umstände geben, die es weniger wahrscheinlich machen, auf sie zu stoßen: Türhüter sind tendenziell vor 8 Uhr morgens noch nicht und nach 18.15 Uhr nicht mehr an ihren Schreibtischen. Ältere Türhüter sind auch sehr oft zur Mittagszeit nicht an ihren Schreibtischen anzutreffen. Viele Türhüter haben nette Chefs, die ihnen gestatten, freitags früher nach Hause zu gehen, vielleicht ab 16.45 Uhr. Schlechtes Wetter (Schnee, Hagel etc.) ist auch ein Grund dafür, dass Türhüter nicht an ihren

Schreibtischen sind. Wochenenden ebenfalls ... Türhüter sind das Wochenende über selten an ihren Schreibtischen.

Dies alles sind jedoch Zeiten und Umstände, zu denen ihre Chefs (meist genau die Leute, mit denen Sie *wirklich* reden wollen) da sind, und zwar komplett unbewacht! *Carpe diem!* Oh, und übrigens ... wenn Sie mir jetzt sagen: »Was? Ich beginne nicht so früh mit der Arbeit ... und bleibe nicht so lange ... Wochenendarbeit und all das ... nie im Leben!«, dann muss ich Sie daran erinnern, dass Verkaufen kein Job »von 9 bis 5« ist. Wenn Sie verkaufen, werden Sie nicht für die Zeit bezahlt, die Sie an Ihrem Schreibtisch oder im Büro verbringen. Als professioneller Verkäufer und Kaltakquise-Angsthase werden Sie nur dafür bezahlt, was Sie wert sind.

### Wochenendanrufe? Was?!

Hier ist ein allerletzter Punkt zu diesem Thema. Einige Leute, die unsere Seminare besuchen, stellen in Frage, ob es ratsam ist, Leute am Wochenende außerhalb der normalen Bürozeiten anzurufen. »Werden sie nicht ärgerlich?«, fragen sie. Nun, ich sage ihnen, was Entscheidungsträger oft sagen, wenn ich sie zu diesen unerwarteten Zeiten anrufe. »Mr. Etherington ... können Sie mir sagen, wie Sie zu mir durchgekommen sind?« Also sage ich ihnen, wie ich es gemacht habe ... Ich sage ihnen, welchen Plan ich hatte und wie ich ihn ausgeführt habe. Dann erwidern sie im Allgemeinen: »Wirklich, das ist sehr interessant ... eigentlich hätte das gar nicht passieren dürfen. Wir müssen die Zügel ein bisschen straffen hier bei uns. Aber ... denken Sie, dass Sie unseren Vertriebsleuten genau das beibringen könnten, was Sie getan haben?« Es scheint, dass die meisten ranghohen Manager keine Kaltanrufe bekommen wollen, doch von ihren eigenen Vertriebsleuten Kaltakquise absolut erwarten. Verrückte Welt, nicht wahr?

Jetzt also zum Skript. Das auf der nächsten Seite gezeigte ist typisch für die Art, wie ich bei Kaltanrufen vorgehe. Es folgt dem Muster, das wir schon in diesem Buch behandelt haben, aber ich werde es für Sie analysieren, weil noch weitere wirksame und überzeugende Elemente darin enthalten sind, die wir noch nicht behandelt haben. Wenn Sie es gern als Vorlage verwenden möchten, setzen Sie einfach Ihren Namen, den Namen Ihres Unternehmens und die wichtigsten Vorteile Ihres Produktes für meine ein.

### Skript-Analyse

1. In der ersten Zeile des obersten Abschnitts werden Sie bemerken, dass dort zu lesen ist:
   *Guten Morgen. Hier spricht Bob Etherington von Spoken Word Ltd., könnte ich bitte mit Herrn Boss sprechen? Danke schön!«*
   Was, denken Sie, macht dies zu einer besonders starken Aufforderung? Lesen Sie sich den ganzen Satz laut vor. Bemerken Sie etwas? Speziell das Wort »Danke schön« am Ende. Es ist eine merkwürdige Tatsache, dass dieses Wort, wenn es dieser oder einer ähnlichen Aufforderung hinzufügt wird, im Endeffekt eine »Anfrage« in einen »Befehl« umwandelt. Wenn Sie es verwenden, werden Sie feststellen, dass Sie in etwa 50 % der Fälle unverzüglich mit der Person verbunden werden, die Sie wirklich sprechen wollen. Ist diese Methode unfehlbar? Nein, natürlich nicht … sie erhöht nur Ihre Chancen, nicht in eine Unterredung mit einem Türhüter verwickelt zu werden.

2. Ganz unten in diesem Skript sehen Sie eine Empfehlung für den Anrufbeantworter. Ihnen wird bewusst sein, dass heutzutage die Wahrscheinlichkeit, zu einer Mailbox durchgestellt zu werden, gegenüber der Chance, zu einer wirklichen Person zu sprechen, sehr groß ist. Und es gibt eine Hauptregel für die Mehrzahl von Anrufbeantworternachrichten. Fassen Sie sich sehr kurz. Diese Regel zu beherzigen scheint vielen Kaltanrufern unmöglich. Sobald das »Piep« erklungen ist, fangen sie an zu reden und reden und reden. Sie hinterlassen beinahe ihr ganzes Verkaufsgerede auf dem Anrufbeantworter. Und was denken Sie wohl, welchen Effekt das hat? Wie viele von diesen auf dem Anrufbeantworter hinterlassenen Botschaften wurden jemals beantwortet? Die Antwort ist: fast keine. Warum sollte der potenzielle Neukunde Sie zurückrufen? Er hat alle Verkaufsargumente auf dem AB. Zwar hat er nicht viel davon mitbekommen, weil er nach weniger als einer halben Minute die Löschtaste

gedrückt hat. Also, was kann man da tun? Ganz einfach … wenn Sie an einen Anrufbeantworter geraten, halten Sie Ihre Nachricht kurz und faszinierend; SEHR kurz.

## Weniger ist mehr

Die besten und erfolgreichsten Botschaften, die eine 90-prozentige Chance auf Rückruf haben, sind so einfach wie diese: »Guten Morgen, Herr Soundso. Mein Name ist Bob Etherington. Könnten Sie mich bitte zurückrufen. Meine Nummer ist 020 7486 4008. Danke, Herr Soundso. Auf Wiederhören.«

Ich spreche langsam und mit etwas tieferer Stimmlage als normalerweise, und ich lächle dabei. Es klingt vielleicht albern, aber der Grund dafür, langsam und mit tieferer Stimme zu sprechen, liegt darin, dass eine solche Stimme unterbewusst von den meisten Hörern mit zwei wichtigen Charaktereigenschaften assoziiert wird: Macht und Autorität. Mächtige Menschen haben keinen Grund zur Eile und sind es gewohnt, dass man ihnen zuhört. Sie werden merken, dass eine kurze, ehrliche Nachricht auf dem Anrufbeantworter, in dieser Art aufgesprochen, die meisten Hörer so reizt, dass ein Rückruf mehr oder weniger garantiert ist. Selbst wenn Ihnen das keinen Erfolg bringt, gibt es noch mehr Wege, wie Sie Ihre beabsichtigte Zielgruppe neugierig machen und eine positive Reaktion bekommen können. Wir werden uns diese im letzten Teil dieses Buches ansehen.

3. Nun möchte ich gern, dass Sie zum Abschnitt »B« unseres Skripts übergehen, wobei ich in diesem Stadium davon ausgehe, dass Sie schließlich zu der Person durchgestellt wurden, mit der Sie sprechen möchten. Werfen Sie einmal einen Blick auf die erste Zeile, in der Sie sich dem potenziellen Kunden vorstellen:
   *»Guten Morgen, Herr Neukunde, mein Name ist Bob Etherington von Spoken Word Ltd. Haben Sie einen Augenblick Zeit?« Oder (noch besser): »Können Sie reden?«*
   Es ist immer am besten, abzuklären, ob die Person Zeit zum Reden hat, bevor Sie anfangen, aber noch besser, als zu fragen: »Haben Sie einen Augenblick Zeit?«, wäre es, sich einmal die »noch bessere« Alternative genauer anzusehen. »Können Sie reden« ist ein absolut wunderbarer »Anreißer« aus einem recht interessanten Grund. Es ist eine Phrase, die Headhunter und

Personalbeschaffer oft gebrauchen, um sicherzustellen, dass die Zielperson, mit der sie sprechen möchten, frei über ein potenzielles Jobangebot mit ihnen reden kann. Also beginnen die meisten Führungskräfte, wenn sie diese Redewendung hören, wie ein Pawlow'scher Hund zu reagieren, ohne recht zu wissen warum. Irgendwie ahnen sie tief in ihrem Innern, ohne dass es ihnen jemand sagen müsste, dass dies das »große Ding« sein könnte. Sie haben deshalb, in genau diesem und nur diesem Moment, die ungeteilte Aufmerksamkeit des Angerufenen. Was Sie jetzt meist hören werden, ist, wie am anderen Ende der Leitung ein Gespräch beendet und wie eine Bürotür zugeschlagen wird, gefolgt von einer Frage: »Ja, was kann ich für Sie tun?«

Jetzt sind Sie bereits fast auf der sicheren Seite. Bisher haben Sie keine einzige Unwahrheit erzählt. Alles, was Sie getan haben, ist, sich vorzustellen und zu fragen, ob der potenzielle Kunde reden kann. Gegen die Tatsache, dass Sie ein bisschen Insiderwissen angewendet haben, um die Aufmerksamkeit zu erregen, ist nichts einzuwenden. In der nächsten Phase sollten Sie aus dieser Aufmerksamkeit Kapital schlagen und den Prozess anstoßen, der dazu führt, dass Sie den Termin, den Sie haben wollen, auch bekommen.

4. Bleiben Sie im Abschnitt »B« des Skripts und sehen Sie sich den nächsten Satz an. Jetzt, da Sie die Aufmerksamkeit des potenziellen Kunden haben, müssen Sie etwas sagen, was darauf aufbaut, um sie zu behalten. Wenn Sie sich den I.K.E.A.-Plan vergegenwärtigen, werden Sie sich erinnern, dass das E für Expansion, Erweiterung steht. An diesem Punkt müssen Sie Ihre Botschaft erweitern, indem Sie etwas erwähnen, das in direkter Verbindung mit dem Unternehmen des Kunden steht, und dieses mit einem Vorteil verknüpfen, den Sie anbieten können. In diesem Fall:

*»Ich habe diese Woche einen Artikel in der* Financial Times *über Ihre Expansionspläne gelesen. Das ist ein ziemlich anspruchsvolles Ziel, das Sie sich da gesetzt haben. Wir sind eine professionelle Schulungsorganisation, und wir zeigen momentan den Unternehmen, wie sie ihren Absatz auf den gegenwärtig schwierigen Märkten verdoppeln können, und zwar innerhalb der nächsten zwölf Monate.«*

Die Botschaft sollte eine absolut wahrheitsgemäße, belegbare Beschreibung dessen sein, was Ihre Firma kann, und doch provokativ genug, um den potenziellen Kunden etwas sagen zu lassen wie: »Oh, ja wirklich … und wie werden Sie das anstellen?« Dies ist das Signal, zur nächsten Stufe überzugehen, auf welcher Sie beginnen, eine Reihe von gezielten »Pfadabhängigkeits- und Zusicherungs«-Fragen zu stellen, um schließlich grünes Licht für die angestrebte Verabredung zu bekommen. Ich frage an diesem Punkt im Allgemeinen: »Gut, würde es Ihnen etwas ausmachen, wenn ich Ihnen nur ein paar Fragen stelle, um erst einmal zu sehen, ob wir Ihnen in dieser Sache helfen können?« Und dann, ohne Pause, gehe ich gleich weiter zur ersten meiner vorbereiteten Fragen.

5. Jetzt beginnt der Prozess der Pfadabhängigkeit und Zusicherung. Sehen Sie sich die Fragen mit den Nummern 1 bis 7 im Abschnitt »B« an. Jede dieser Fragen soll zu einer verbalen Zusicherung führen, was wiederum zur nächsten Frage führt. Jede Frage ist anspruchsvoller als die vorhergehende. Denken Sie daran, dass hier mein eigenes Kaltakquise-Skript als Modell dient, um verschiedene Punkte zu illustrieren. Das Skript, das Sie für Ihre eigene Arbeit vorbereiten, wird dergestalt konzipiert sein, dass es von den Vorteilen handelt, die Sie anbieten können.

*Frage 1.* Eine leichte Einstiegsfrage. Ich weiß gewöhnlich die Antwort darauf schon, weil ich meine Recherchen gemacht habe (das I für Information in I.K.E.A.). Die Absicht dieser Fragestellung ist es, den Neukunden daran zu gewöhnen, Fragen positiv zu beantworten.

*Frage 2.* Eine etwas schwierigere Frage, auf die ich ebenfalls die Antwort schon kenne. Sie dient dazu, den mit der ersten Frage in Gang gesetzten Rhythmus zu bekräftigen.

*Frage 3.* Wiederum ein bisschen schwieriger, und etwas tiefer gehend. Diese Frage dient auch dazu, mir zu sagen, ob ich bei diesem Kunden noch so genannte »Missionierungsarbeit« leisten muss. »Missionierungsarbeit« bezeichnet die zusätzliche Aufgabe, den Boden für einen Verkauf zu bereiten, noch bevor der Verkaufsprozess überhaupt beginnen kann. In meiner Welt der

Unternehmensberatung würde ich zum Beispiel, wenn ich auf diese Frage hin herausgefunden habe, dass der Einsatz von Unternehmensberatern in diesem Unternehmen nicht üblich ist, wissen, dass eine ganze Menge zusätzlicher Zeit anfallen würde, den Kunden vom Nutzen betriebsfremder Berater zu überzeugen. Und das, bevor ich auch nur angefangen hätte, ihn vom Nutzen meines eigenen Unternehmens zu überzeugen. Will ich meine wertvolle Zeit damit verbringen? Das hängt im Allgemeinen vom Kunden und meinem gegenwärtigen Terminplan ab.

*Frage 4.* In der Vertriebswelt ist kein Vertriebsleiter jemals mit den Verkaufszahlen zufrieden. Obwohl die Antwort fast sicher negativ ausfällt und oft von einem ironischen Lachen begleitet wird, trägt die Antwort weiter dazu bei, die Pfadabhängigkeit zu verstärken.

*Frage 5.* Im Allgemeinen wird der Kunde auch hier wieder »Ja« sagen, weil die meisten Unternehmen bereits Beratungsexperten in Anspruch genommen haben oder irgendwann darüber nachgedacht haben.

*Frage 6.* Wenn ich den Kunden dazu bringen konnte, »ja« zu Frage 5 zu sagen, füge ich jetzt einer ähnlichen Frage, die diesmal direkt mit meinem eigenen Unternehmen in Verbindung steht, einen Pluspunkt hinzu.

*Frage 7.* Dies ist eine etwas gefährliche Frage, denn wenn ich die Person frage, ob sie gern mehr Informationen hätte, bedeutet dies, dass ich sie nun »vom Haken lasse« und ihr mehr Detailinformationen sende. Normalerweise bekommt man hier eine weitere positive Antwort, so dass es jetzt insgesamt sieben hintereinander sind. Psychologisch gesehen ist der potenzielle Kunde jetzt bereit für den nächsten Schritt oder auch »Abschluss«.

*Frage 8.* Die letzte »Abschluss«-Frage ist ein klassischer »Alternativen-Abschluss«, büßt aber dadurch nicht an Kraft ein. Die Alternativ-Frage kann von jedem Verkäufer zu jeder Zeit während des Verkaufsprozesses, auch bei einem Kaltanruf, benutzt werden. »Ich würde gern einen Termin mit Ihnen vereinbaren, weil ich gern Ihre Meinung darüber erfahren würde, ob Sie denken, dass wir Ihnen in Ihrem Unternehmen helfen könnten.

Entweder Montag um 11.40 Uhr, oder wäre Dienstag um 9.15 Uhr besser?« [Mund halten]. Der »alternative Abschluss« macht sich eine weitere Eigentümlichkeit des menschlichen Gehirns zunutze – wenn man vor zwei Alternativen gestellt wird, wird man dazu neigen, eine davon zu wählen. Das wird im Einzelhandel oft genutzt. Zum Beispiel in einem Schuhgeschäft: »Wie würden Sie gern zahlen, der Herr? Bar oder mit Kreditkarte?« Aus der Sicht des Verkäufers ist die Frage nicht, ob Sie die Schuhe kaufen wollen oder nicht, diese Entscheidung wurde für Sie getroffen. Menschen hassen es, Entscheidungen zu treffen, und lieben es, wenn andere sie für sie treffen. Mehr als 80 % der Kunden wählen an diesem Punkt eine der angebotenen Alternativen. Autohändler benutzen diese Strategie ebenfalls, denn sie wissen, wie hart es für Sie ist, sich zu entscheiden, mehrere tausend Dollar oder Euro Ihres hart verdienten Geldes für ein Fahrzeug auszugeben. Also helfen sie Ihnen ebenfalls, indem sie Ihnen die Entscheidung abnehmen. Sie tun es, indem sie die Kaufentscheidung mit einem unwichtigeren Punkt verbinden und nicht mit dem großen, glänzenden Auto als Ganzes. »Nun, welches soll es denn sein, Herr Soundso … das rote oder das blaue?« Oder auch: »Hätten Sie es gern mit Sonnendach oder lieber ohne?« Oder: »Möchten Sie es mit normalen oder mit Leichtmetallfelgen?« Nein, natürlich ist es nicht unmöglich für den Kunden, »weder noch« zu sagen, aber Sie werden herausfinden, dass, wenn Sie die Frage in beiläufigem, souveränen Ton stellen, die meisten Leute dahingehend reagieren werden, dass sie eine der Wahlmöglichkeiten, die Sie angeboten haben, annehmen. Sie verwenden nun dieselbe Technik, um lediglich eine Verabredung »zum Abschluss zu bringen«. In unserem Beispiel ist die Wahlmöglichkeit: »Montag oder Dienstag«. Übrigens, wenn die Person, mit der Sie reden, »weder noch« sagt, sollten Sie gleich zwei andere Alternativtermine in petto haben, die Sie anbieten können.

Sie werden auch noch etwas anderes bezüglich der angebotenen Termine bemerken. Es sind nicht etwa die typischen »11 Uhr«- oder »9 Uhr«-Termine zur vollen Stunde, sondern die Uhrzeit liegt irgendwo dazwischen. »Entweder Montag um 11.40 Uhr, oder wäre Dienstag um 9.15 Uhr besser?« Das ist kein Zufall. Welchen

Zeitpunkt Sie für einen Termin anbieten, ist sehr wichtig, weil es sich auf die Wahrnehmung des Kunden auswirkt, wie lange er sich Ihnen wahrscheinlich widmen muss. Wenn Sie 11 Uhr oder 9 Uhr anbieten, wird die Person am anderen Ende der Leitung unterbewusst diese Zeit bis zur nächsten vollen Stunde aufrunden.

Nehmen wir einmal an, es wäre umgekehrt, und Sie sind es, der den Kaltanruf erhält, und Sie hätten die Wahl zwischen 11.40 Uhr und 9.15 Uhr? Mit nur diesem bisschen an Information, wie lange, würden Sie schätzen, würde das Treffen dauern? Die meisten Leute neigen dazu, auf die nächste Stunde aufzurunden und sagen im ersten Fall »20 Minuten« und im zweiten Fall »45 Minuten«. Da die vorgeschlagene Zeit viel weniger ist als eine volle Stunde und die meisten Leute ihren Tag in einstündige Zeiteinheiten einteilen, fällt es der angerufenen Person leichter, einem Treffen mit Ihnen zuzustimmen. Sie haben nicht gesagt, wie lang das Treffen dauern könnte, und wenn Sie dem potenziellen Kunden erst einmal gegenüberstehen, sind Ihre Fähigkeiten im persönlichen Verkauf wahrscheinlich so gut, dass Sie beide weit mehr als eine Stunde zusammen sein werden! Das liegt dann an Ihnen. In diesem Stadium ist Ihr Ziel einfach nur, einen Termin zu bekommen.

6. Der letzte Abschnitt des Skripts ist der Teil, der mit »C« gekennzeichnet ist, und handelt davon, was passiert, wenn man immer noch versucht, Sie loszuwerden. Wie reagieren Sie auf Einwände? Erst einmal sollte hier betont werden: Wenn Sie die Kaltakquise in der hier bislang beschriebenen Art und Weise angehen, werden Sie tatsächlich weit weniger Einwände hören. Das deshalb, weil Sie sich voll und ganz nicht etwa darauf konzentrieren, wer oder was Sie sind und darstellen, sondern auf den potenziellen Kunden, bei dem es wahrscheinlich ist, dass er ein Problem hat, das Sie lösen können.

Trotzdem, Sie werden auf *einige* Einwände stoßen, und in diesem Abschnitt geht es um die effektivste Art, damit umzugehen.

Der erste Einwand ist, wie Sie sehen, die klassische »Abspeisung«: »*Können Sie mir eine Broschüre schicken?*« Oder: »*Könnten Sie das in einer E-Mail näher ausführen?*« Oder sogar: »*Erzählen Sie mir jetzt davon ...*« Zu viele Kaltanrufer hören da ein Kaufsignal heraus und verschicken enthusiastisch die gewünschten Informationen oder fangen übertrieben an zu erzählen, dann lehnen sie sich zurück und warten auf den Rückruf – »wir werden Ihnen Bescheid geben«. Unglücklicherweise kommt dieser Rückruf selten, und der potenzielle Neukunde war lediglich höflich. Das nennen wir ein Kontinuum, eine fortlaufende Nachfrage, die nirgendwo hinführt. Darin ist keine Verbindlichkeit auf Seiten des Kunden enthalten. Wenn Sie also solche Worte hören, muss Ihre erste Maßnahme sein, dem höflich mit einem Alternativvorschlag entgegenzuwirken und sofort noch einmal mit derselben abschließenden Alternativfrage einen Termin zu erbitten: »*Ja, Herr Neukunde, genau deshalb würde ich Sie gerne treffen. Um Ihnen die Informationen zu geben, für die Sie sich interessieren, und um Ihre Zeit nicht zu verschwenden. Ich habe meinen Terminkalender hier, also welcher Termin würde Ihnen besser passen, Montag um 9.40 Uhr oder Dienstag um 11.15 Uhr?*« Hören Sie nicht auf all die zynischen, negativen und anderen immer die Schuld gebenden Leute in Ihrem Büro (aus der Kaffeeküchen- und Getränkeautomaten-Brigade – siehe Seite 37), die Ihnen unweigerlich erzählen werden, dass diese zupackende Methode nicht funktioniert. Wenn ich kalt angerufen werde, teste ich immer den Eifer des Anrufers, indem ich ihm ein paar willkürliche Einwände entgegenschleudere, um zu sehen, ob er schlappmacht (80 % schaffen in der Tat diese Hürde nicht) oder das tut, was er tun sollte, nämlich weitermachen. Letztere sind diejenigen, die einen Termin bekommen.

Seien Sie einer von Letzteren. Wenn ein Neukunde nicht nachgibt und immer noch darauf besteht, zunächst eine Broschüre oder etwas Geschriebenes zu sehen, gibt es eine weitere starke Karte, die Sie ausspielen können; jetzt ist die Zeit gekommen, den »Zusicherungs«-Teil der Pfadabhängigkeits- und Zusicherungsregeln anzuwenden. Wenn der Neukunde also auf einer Broschüre besteht, sagen Sie mit einem leicht spitzbübischen Lachen in Ihrer Stimme: »*In Ordnung, natürlich, Herr Neukunde … aber wenn ich Ihnen die Broschüre (den Brief, die E-Mail) schicke, werden Sie sie auch wirklich lesen, nicht wahr?*« Dann achten Sie sehr genau auf die Art der Antwort. Wenn die Person am anderen Ende der Leitung zuversichtlich sagt: »*Ja, natürlich werde ich das*«, dann können Sie ziemlich sicher sein, dass ihre Broschüre gelesen werden wird; vielleicht nicht Wort für Wort, aber der Kunde wird einen inneren Antrieb verspüren, das, was er mündlich zugesichert hat, auch zu tun.

Anders ist es, wenn die Person viel weniger engagiert klingt und so etwas sagt wie: »*Ja, gut, okay, wahrscheinlich, wenn ich Zeit dazu habe.*« Dann brauchen Sie einen Strategiewechsel. Hier gibt es ganz klar keinerlei mündliche Zusicherung, also müssen Sie sich so schnell wie möglich auf fruchtbareren Boden bewegen. In solchen Fällen nehme ich den Standpunkt ein, dass es jetzt wahrscheinlich ein »Nein« ist, doch dass es morgen ein »Ja« sein könnte (nichts bleibt schließlich unveränderlich), und ich sage so etwas wie: »*Okay, ich sage Ihnen etwas, Herr Neukunde. Ich sehe, dass dies momentan kein besonders wichtiges Thema für Sie ist, und ich möchte Ihren Eingangskorb (oder Ihr E-Mail-Postfach) nicht verstopfen! Ich behalte Ihren Namen bei meinen Akten, wenn ich darf, und rufe Sie in etwa sechs Wochen noch einmal an. Wie klingt das?*« Neukunden sind oft sehr überrascht von diesem nichts erzwingen wollenden Ansatz und stimmen zu, dass ein späterer Anruf vorzuziehen wäre. Alles, was Sie jetzt tun müssen, ist, sich eine Notiz in Ihrem Terminkalender zu machen, wann Sie gesagt haben, dass Sie noch einmal anrufen wollten, und es zu tun. Erinnern Sie sich, dass stetige Beharrlichkeit bei den meisten Dingen im Leben der Weg zum Erfolg ist. Die meisten Menschen sind nicht beharrlich – also seien Sie es.

Ein weiterer üblicher Einwand ist: »*Ich bin eigentlich nicht interessiert.*« Oder: »*Eigentlich machen wir das selbst.*« Oder sogar: »*Wir hatten früher einmal ein Unternehmen wie Ihres beauftragt, und es hat nichts gebracht…*« Wenn Sie diese Art von Einwänden hören, müssen Sie etwas raffinierter vorgehen. Eine sehr effektive Art, damit umzugehen, ist eine völlig unlogische Antwort. Der beste Tipp ist, zu sagen: »*Ja, Herr Neukunde, und das ist es genau, weswegen wir uns treffen sollten. Ich brauche nur zehn Minuten Ihrer Zeit. Wenn Sie nach zehn Minuten nicht überzeugt sind, werde ich gehen. Also, wann wäre die beste Zeit für Sie? Nächsten … etc., etc.?*« Ihre Antwort macht wenig Sinn in Anbetracht dessen, was die Person Ihnen gerade gesagt hat, und so werden Sie oft erleben, dass sie eine Minute lang zögert, ein wenig verwirrt ist, und dann sagt: »*Äh … was?*« – »*Welcher Termin würde Ihnen am besten passen für ein Treffen?*« Sie werden überrascht sein, wie oft, in diesem Moment des Versuchs, die Logik oder Unlogik des gerade Gesagten nachzuvollziehen, die Person zustimmen wird, Sie zu treffen.

Die letzten in der Reihe häufiger Einwände sind diejenigen, die sofort »fehlendes Budget« oder »Kosten« anführen. Hier ist Ihre Antwort ganz geradlinig. Seien Sie einfach ehrlich, doch gleichzeitig weiterhin auf höfliche Art beharrlich. *»Ich schätze das, Herr Neukunde. In diesem Stadium ist es wichtig, dass wir uns treffen, so dass wir über Ihre zukünftigen Bedürfnisse bezüglich unserer Dienstleistung sprechen können. Haben Sie Ihren Terminkalender zur Hand? Ich kann Sie am __ tag um _·40 Uhr oder am ___ tag um _·15 Uhr treffen.«*

All diese Einwände sind sehr häufig, und Sie werden es bei einem einzigen Anruf oft mit mehr als nur einem davon zu tun bekommen. Als Daumenregel sollten Sie darauf vorbereitet sein, bei jedem Anruf mit bis zu vier solcher Einwände umzugehen.

Danach, wenn Sie merken, dass Sie zu viel damit zu tun haben, sich mit einem bestimmten Neukunden abzurackern, geben Sie würdevoll auf, beenden höflich den Anruf und gehen zum nächsten über.

## Power-Skript für eine Terminvereinbarung

**A**

Sie: Guten Morgen. Ich bin Bob Etherington von der Firma SpokenWord Ltd. Könnte ich bitte mit Herrn Chef sprechen? Danke schön! ... Oh, das ist prima, dann werde ich mit seinem persönlichen Assistenten sprechen ... Oh, übrigens, könnten Sie mir bitte seinen Namen nennen? Danke.

Sie: (Sie wurden durchgestellt) Guten Morgen, ich bin Bob Etherington von der Firma SpokenWord Ltd. Spreche ich mit Herrn ... (Name)? Sie sind doch der persönliche Assistent von ... (Name des Direktors)? Könnten Sie mir bitte behilflich sein? Ich bin sehr daran interessiert, einen Rat zu bekommen, wie ich am besten vorgehen sollte, um Ihrer Organisation einen strategischen Vorschlag über die Wege zu unterbreiten, wie wir mit einigen unserer Dienstleistungen die Leistungsfähigkeit Ihrer Vertriebsmitarbeiter innerhalb der nächsten zehn Wochen verdoppeln könnten.

*Oder*

Sie: Können Sie mir vielleicht sagen, wer in Ihrem Unternehmen auf dem Gebiet Verkauf und Marketing für die Strategie verantwortlich ist?

Wenn Sie direkt mit dem Anrufbeantworter des Direktors verbunden werden:

Sie: Guten Morgen, Herr/Frau (Name). Ich bin Bob Etherington von der Firma SpokenWord Ltd. Ich würde gern eine Angelegenheit bezüglich Ihres Vertriebsteams mit Ihnen besprechen. Würden Sie mich bitte zurückrufen, meine Nummer ist _____.
Danke, Herr/Frau (Name).

## Sie sind durchgekommen: und JETZT?

### B

Sie: Guten Morgen, Herr/Frau (Name des Chefs, der Chefin). Mein Name ist Bob Etherington von der Firma SpokenWord Ltd. Haben Sie einen Moment Zeit?

Neukunde: Ja (wenn die Antwort »Nein« ist, fragen Sie, wann es passen würde.

Sie: *Können Sie reden?* Ich habe diese Woche einen Artikel über Sie in der *Financial Times* gelesen. Das ist ein ziemlich anspruchsvolles Ziel, das Sie sich da gesetzt haben. Wir sind ein Unternehmen, das sich auf die professionelle Schulung von Vertriebskräften spezialisiert hat. Momentan zeigen wir unseren Kunden, wie sie ihren Absatz auf den gegenwärtig schwierigen Märkten verdoppeln können.

Neukunde: Oh ja, und wie wollen Sie das anstellen?

Sie: Nun, wären Sie damit einverstanden, ein paar kurze Fragen zu beantworten?

1. Können Sie mir sagen, haben Sie einen großen Vertreterstab?
2. Liege ich richtig, wenn ich denke, dass Sie dafür verantwortlich sind?
3. Machen Sie all Ihre Vertriebsschulungen innerbetrieblich?
4. Sind Sie momentan rundum zufrieden mit Ihrem Absatzniveau?
5. Haben Sie je erwogen, die Hilfe eines Beraters in Anspruch zu nehmen, um die Ergebnisse auf irgendeinem Gebiet zu verbessern?
6. Würden Sie erwägen, ein Unternehmen wie SpokenWord Ltd. in Anspruch zu nehmen, wenn wir Ihnen zeigen könnten, auf welche Weise wir Ihnen helfen können, mehr Geschäfte einzufahren?

7. Hätten Sie gern mehr Informationen über SpokenWord und was wir tun?

8. Könnte ich einen Termin mit Ihnen vereinbaren, um Ihre Meinung dahingehend zu erfahren, ob Sie denken, dass wir Ihrem Unternehmen helfen könnten? Entweder am ____tag um _·40 Uhr, oder wäre der ____tag um _·15 Uhr besser? (*MUND HALTEN*)

(Wenn der Neukunde »weder noch« sagt, halten Sie zwei weitere Alternativtermine bereit. *BEHARREN* Sie – ein »Nein« muss nicht endgültig sein.)

## Wie man mit Einwänden, Verschiebungen und anderen Dingen umgeht

### C

Neukunde: Senden Sie mir eine Broschüre zu.

Sie: Deswegen möchte ich Sie treffen – damit ich Ihnen die Informationen geben kann, an denen Sie interessiert sind, und es vermeide, Ihre Zeit zu verschwenden. Ich habe meinen Terminkalender hier; wäre es nächsten ___tag oder nächsten ___tag besser?

Neukunde: Ich möchte wirklich gern zunächst eine Broschüre sehen.

Sie: Wenn ich Ihnen eine Broschüre zusende – werden Sie sie auch bestimmt lesen?

Neukunde: Ja (entschieden klingend – fragen Sie nach der Adresse).

Neukunde: Ja … okay … (vage klingend).

Sie: Herr Neukunde, ich denke nicht, dass Sie momentan wirklich interessiert sind, also will ich Ihrer Papierkorbpost nichts hinzufügen, aber ich werde Ihnen meine Karte senden und alle paar Monate mit Ihnen in Kontakt bleiben (Adresse bestätigen).

Neukunde: Ich bin eigentlich nicht interessiert./Ich nehme schon eine ähnliche Dienstleistung in Anspruch./Sie verschwenden Ihre Zeit.

Sie: Genau darum möchte ich nur zehn Minuten Ihrer Zeit. Wenn Sie nach zehn Minuten nicht interessiert sind, gehe ich. Würde Ihnen ___tag oder ___tag besser passen?

Neukunde: Ich habe kein Budget dafür übrig./Wir können uns nichts mehr leisten.

Sie: Das verstehe ich voll und ganz. In diesem Stadium ist es wichtig, dass wir uns treffen, damit wir Ihre zukünftigen Bedürfnisse bezüglich unserer Schulungen erörtern können. Haben Sie Ihren Terminkalender zur Hand? Ich kann Sie am ___tag um _·40 Uhr treffen oder am ___tag um _·15 Uhr, welcher Termin passt Ihnen besser?

## Kaltakquise mit dem Ziel, ein Produkt direkt am Telefon zu verkaufen

Mein Geschäftspartner und ich haben neulich die Zulieferfirma für Bürobedarf für unsere Schulungsfirma gewechselt, und zwar als Ergebnis eines Kaltanrufs – tatsächlich einer Reihe von Kaltanrufen –, die schließlich zum Erfolg führten. Ich habe die Dame, die am Telefon war, niemals persönlich kennengelernt und werde es vermutlich nie. Ich hatte von ihrem Unternehmen nie zuvor gehört. Die Vorgehensweise der jungen Dame hätte direkt aus den Seiten dieses Buches kommen können. Vielleicht ist das der Grund dafür, dass ich ihr schließlich den Auftrag gab. Sie machte ihre Sache so gut, dass ich ihre Methode als letztes Beispiel in diesem Teil des Buches verwende.

Ihre Gesprächseröffnung und ihre Taktik, an unseren eigenen Türhütern vorbeizukommen, waren exzellent. Wie dem auch sei, unsere Türhüter-Richtlinien sind recht streng, weil unsere Zeit wertvoll ist und wir während des Arbeitstages kaum die Zeit erübrigen können, eine Menge Kaltanrufe entgegenzunehmen. Sie erwischte mich schließlich, als sie an einem Samstagmorgen anrief, als ich im Londoner Hyde Park spazieren ging. Wir hatten eigentlich schon mindestens fünf Mal in den letzten zwölf Monaten miteinander gesprochen, aber ich hatte sie immer im Stil von »Ich habe jetzt *wirklich* keine Zeit zum Reden« abgewürgt. Sie war immer höflich, aber beharrlich (genau wie in diesem Buch empfohlen), und was ich auch sagte, wie grantig ich auch war, sie kam immer wieder. Ihr muss nach einigen Monaten klar geworden sein, dass sie eine neue Annäherungsweise brauchte – in ihrem Fall die Wochenend-Strategie –, und sie funktionierte. Wie ging sie – als sie erst einmal meine Aufmerksamkeit gewonnen hatte – weiter vor? Ihre Methode kreiste um »Besorgtheitsfragen«, die auf Vorteilen des angepriesenen Produkts basierten.

Wenn ein Produkt oder eine Dienstleistung direkt am Telefon verkauft wird, muss man den potenziellen Kunden dazu bringen, sich über etwas Sorgen zu machen, das mit seinem Unternehmen zu tun hat. Nicht die Pfadabhängigkeit und die Zusicherung stehen hier im Zentrum, stattdessen ist die Beschäftigung mit der mentalen Schmerzgrenze des Neukunden eine wirkungsvollere Methode.

Die Abschnitte, die von der Gesprächseröffnung und dem Umgang mit Einwänden handeln und die im vorangegangenen Skript dargestellt wurden, bleiben unberührt. Aber der zentrale Abschnitt: *»Sie sind durchgekommen, und jetzt?«* muss auf andere Art angegangen werden, um beim Verkauf am Telefon die größten Erfolgsaussichten zu haben. Die verschiedenen Schaubilder auf den Seiten 99, 100 und 104 vermitteln eine gute Vorstellung davon, welche Dinge man NICHT tun sollte und welche Methode man dahingegen anwenden sollte, um im Kopf des Kunden ein Gefühl der Dringlichkeit/des Bedürfnisses hinsichtlich der vom Kaltakquisiteur angebotenen Lösung entstehen zu lassen.

### Besorgtheits-Fragen

So genannte »Besorgtheits-Fragen« sind sorgsam überlegte Fragen, die den Neukunden zum Nachdenken über das Problem bringen sollen, für welches der Anrufer eine Lösung parat hat. Um diese scheinbar harmlosen, doch sehr wirkungsvollen Fragen für Ihr eigenes Produkt oder Ihre Dienstleistung zusammenzustellen, müssen Sie zuerst wieder auf die Liste von Vorteilen Ihres Produktes oder Ihrer Dienstleistung schauen, die Sie in der zweiten Spalte des »Merkmale/Vorteile«-Blattes bereits vorbereitet haben.

Jeder dieser Vorteile ist eine potenzielle Lösung für ein Problem, ein Nutzen, aber dies allein bringt nicht viel, wenn das Problem nicht zuerst aufgedeckt und verifiziert wurde. Die Vorgehensweise zum Zusammenstellen der Fragen, die ich Ihnen vorschlage, ist ein bisschen wie das Fernsehquiz *Jeopardy*. Falls Sie diese Sendung noch nie gesehen haben, lassen Sie es mich erklären:

## Jeopardy ist ein Quiz in umgekehrter Richtung

Der Kandidat bekommt vom Quizmaster die Antwort und muss darüber nachdenken, welche Frage wohl diese Antwort hervorgebracht hat. So mag der Quizmaster beispielsweise zum Kandidaten sagen: »*Die Themse.*« Die richtige Kandidatenantwort darauf würde lauten: »*Welcher Fluss fließt durch London?*«

Bingo!

Genau das lasse ich Sie jetzt tun. Also, schauen Sie auf den ersten Vorteil, den Sie sich notiert haben, und denken Sie darüber nach, welche Frage Sie stellen könnten, für die dieser Vorteil eine Lösung wäre. In meinem früheren Telefonbeispiel hatte ich als Vorteil angeführt: »*Wenn man einen Anruf empfängt, sieht man mit einem Blick auf das Display, wer anruft, und kann selbst bestimmen, welche Anrufe man entgegennehmen möchte und welche nicht.*«

Wenn ich also versuchen würde, Ihnen das Telefon zu verkaufen, könnte meine Besorgtheits-Frage sein: »*Herr Neukunde, Sie haben gesagt, dass Sie ein sehr geschäftiges Büro leiten. Darf ich Sie fragen, ob es ein großes Problem ist, versehentlich zeitfressende Anrufe entgegenzunehmen, weil Sie die Anrufe nicht im Vorfeld selektieren können?*«

Ich habe absichtlich ein sehr einfaches Beispiel gewählt, aber welches Produkt oder welche Dienstleistung Sie auch vorhaben zu verkaufen, die Besorgtheits-Frage sollte ein bestimmtes Merkmal aufweisen: Sie sollte den Gefragten nicht besonders glücklich stimmen! Eine gute Besorgtheits-Frage enthält Worte wie Problem, Schmerz, Sorge, kostspielig, Befürchtung, schlimm, hart, kompliziert, Verzögerung, Verlust und so weiter.

Um Ihnen ein bisschen dabei zu helfen, habe ich die Anfänge einiger Besorgtheits-Fragen vorbereitet, die Sie je nach Bedarf abwandeln können:

- »Gibt es irgendwelche gegenwärtigen *Streitpunkte* bezüglich ... ?«
- »Hatten Sie jemals irgendwelche *Schwierigkeiten* mit ... ?«
- »Wie *problematisch* finden Sie ... ?«
- »Wie wirkt sich dieser *Notstand* auf ... aus?«
- »Haben Sie schon die *Risiken* bedacht, die mit ... einhergehen?«

- »Ist es *schwierig*, mit diesem Maß an Unsicherheit zurecht-zukommen?«
- »Wie viele *Scherereien* macht es, wenn … ?«
- »Wie hoch sind die damit verbundenen *Kosten* für Ihre Firma?«
- »Könnte es nicht *kostspielig* werden, dieses Problem nicht zu lösen?«
- »Welche *Befürchtungen* haben Sie bezüglich … ?«
- »Wie *ärgerlich* finden Sie es, dass … ?«
- »Wie groß ist die *Panik*, die entsteht, wenn … ?«
- »Wie *mühsam* ist es gewesen, … ?«
  - »Wie *unerfreulich* … ?«
  - »Macht es Sie *unglücklich*, wenn … ?«
  - »Finden Sie es *zeitraubend*, wenn … ?«
  - »Ist es nicht ein *Alptraum*, wenn … ?«
  - »Bereitet es Ihnen große *Sorge*, wenn … ?«

Die junge Kaltakquisiteurin, die mich wegen der Bürobedarf-Lieferungen kontaktierte, stellte eine Menge Besorgtheits-Fragen. Auch wenn ich nicht auf alle angesprungen bin, hat sie damit sehr effektiv den Kaltanruf dirigiert. Ihr Name wird im Folgenden nicht genannt, um sie nicht in Verlegenheit zu bringen.

Sie: *Mr. Etherington, ich bin Molly Tauschname von Bürobedarf Andersnamig. Ich habe gerade auf Ihre Website geschaut. Ich sehe hier, dass Ihr Unternehmen verschiedene Kaltakquise-Seminare anbietet.*

Ich: Ja, das ist richtig, wie kann ich Ihnen helfen? (Ich denke: Ein potenzieller Kunde, am besten, ich höre gut zu.)

Sie: *Bieten Sie noch irgendwelche anderen Kurse für Vertriebskräfte an?*

Ich: Ja, das tun wir, wofür genau interessieren Sie sich?

Sie: *Eigentlich für alle. Wie viele bieten Sie insgesamt jedes Jahr an?*

Ich: Etwa 200, alles in allem. Wir decken alles ab, von Kaltakquise- bis zu Verhandlungs- und Rhetorikseminaren.

Sie: *Das ist wirklich sehr interessant. Sie brauchen bestimmt eine Menge Büroartikel, von Papier und Stiften bis hin zu Druckern und Whiteboards. Der Grund, warum ich das erwähne, ist der, dass wir von Bürobedarf Andersnamig einen kostenlosen, landesweiten Lieferdienst mit garantierter Lieferung am gleichen Tag anbieten für jeden Büroartikel, den Sie sich vorstellen können, und für alle Bestellungen, die bis 12 Uhr mittags eingehen.*

Ich: Oh ja, wie stellen Sie das an? Wir sind kein besonders riesiger Betrieb ... bislang!

Sie: *Okay, darüber bin ich mir im Klaren, aber könnte ich Ihnen ein paar Fragen stellen? Ist Ihnen je der Fehler passiert, dass Ihnen in letzter Minute wesentliche Büroartikel ausgegangen sind?*

Ich: Oh ja, wir bemühen uns sehr, das zu vermeiden, aber es ist schon vorgekommen.

Sie: *Ist es ein großes Problem, wenn Ihnen die Sachen ausgehen?*

Ich: Ich denke, wir wirken dadurch sehr unprofessionell. Das mögen wir überhaupt nicht!

Sie: *Ja, ich kann mir vorstellen, was Sie meinen ... wann ist das zuletzt so schiefgegangen?*

Ich: Neulich ist es passiert, dass wir beinahe keine Einbanddeckel für einige speziell vorbereiteten Seminar-Arbeitshefte mehr gehabt hätten. Es stand auf Messers Schneide, und ich habe es geschafft, einige zu finden, indem ich eine Menge meiner eigenen Zeit damit zubrachte, im Londoner Westend herumzuhetzen. Es war zu spät, um noch eine Lieferung von unserem regulären Zulieferer zu bekommen. Ein echtes Problem!

Sie: *Wie steht es mit Druckerpatronen? Finden Sie sie momentan sehr teuer?*

Ich: Allerdings sind sie teuer. Wir suchen ständig nach billigeren Wegen, unsere Ausdrucke zu machen. Aber Druckerpatronen, wenn es Markenartikel sind, scheinen etwas zu sein, bei dem es beinahe unmöglich ist, einen reduzierten Preis zu bekommen.

Sie: *Ja, ich weiß ... Ich vermute, sie haben dasselbe Problem auch mit Farbbändern für Frankiermaschinen.*

Ich: Oh, erwähnen Sie die nicht. Ich bekomme sie gewöhnlich von einem *bekannten großen landesweiten Hersteller.* Sie bieten dort einen 48-Stunden-Service an. Letztes Mal, als ich die Farbbänder bestellt habe, kamen sie nicht rechtzeitig an, und dann, als ein Päckchen eintraf, enthielt es ein völlig anderes Produkt für einen ganz anderen Kunden. Dann versprachen sie, das Problem bis zum nächsten Tag aus der Welt zu schaffen, lieferten jedoch an unsere alte Adresse. Ich habe die Farbbänder schließlich nach 21 Tagen erhalten ... und dann sind sie auch noch so teuer! Ich will meine Zeit nicht damit zubringen, über diese lächerlichen Dinge nachzudenken – aber das muss ich!

Sie fuhr damit fort, Fragen wie diese zu stellen, in einer sehr dialogorientierten Art, etwa fünf Minuten lang. Die Sache war die, ich *wusste*, was sie tat, aber ich entdeckte, dass etwas sehr Heilsames darin lag, nach typischen Arbeitsproblemen gefragt zu werden und jemanden zu haben, der einem zuhört.

Als ihre Liste von Besorgtheits-Fragen erschöpft war, fasste sie zusammen, was ich ihr über meine Probleme erzählt hatte. Sie nannte keine Lösung. Es war nur eine Zusammenfassung meiner Beschwerden in den vergangenen fünf Minuten. Trotzdem, als ich hörte, wie sie das alles wiederholte, wurde mir das wahre Ausmaß an Zeit und Geld bewusst, das jeden Monat für etwas so Einfaches und Dummes wie Papier, Stifte und Druckerpatronen verschwendet wurde, was aber sehr nötig für das ordnungsgemäße Funktionieren dieses Unternehmens war. Dann sagte sie ...

Sie: *Mr. Etherington, ich würde Ihnen gern eine Frage stellen. Welchen Unterschied würde es für Sie machen, wenn all diese Büroartikel-Lieferungsprobleme von meinem Unternehmen gelöst werden könnten? Wie würde Ihr Leben aussehen?*

Ich: Zunächst einmal, *wenn* Sie diesen Zauberstab schwenken könnten, würde ich mir keine Sorgen mehr über dumme Notfälle wie den machen müssen, einen halben Tag lang in der Stadt Heftdeckel suchen zu müssen. Die Kosten für unsere Farbausdrucke würden drastisch sinken, und unsere Postwerbefeldzüge würden immer vorhersehbar sein, ordnungsgemäß frankiert und rechtzeitig rausgehen ... von unseren Weihnachtskarten ist deswegen letztes Jahr nur die Hälfte rausgegangen! Wenn das alles geregelt werden könnte, das wäre großartig!

Sie: *Nun, ich freue mich, Ihnen sagen zu können, dass Bürobedarflieferer Andersnamig Ihnen zuallererst einmal garantierte Lieferung am gleichen Tag für absolut jede Menge von jedem Artikel in unserem Katalog – Buchdeckel eingeschlossen – anbieten kann, vorausgesetzt, Sie rufen uns vor Mittag an. Sie erwähnten auch die Probleme, die Sie mit Druckern und Frankiermaschinen hatten. Wir sind offizielle Zulieferer aller Zubehörteile von Druckern und Frankiermaschinen aller Art und bieten für diese Artikel ebenfalls Lieferung am gleichen Tag an, und das mindestens 25 % günstiger als jede andere Lieferfirma. Wir können Ihnen auch eine Liste unserer bestehenden Kunden anbieten, und wir*

*würden es begrüßen, wenn Sie mit einigen von ihnen sprechen, um sich*
*zu überzeugen, dass sie wirklich all ihre Bestellungen rechtzeitig erhal-*
*ten und dass niemand je 21 Tage auf Farbbänder hat warten müssen.*
*Herr Etherington, wir würden gern Ihr Bürobedarfzulieferer werden.*
*Welche Bestellung würden Sie gern jetzt sofort aufgeben?*

Und so bestellte ich dort, an einem Samstagmorgen im Hyde Park
stehend, 4000 Sätze Heftdeckel (4000 Vorder- und 4000 Rücksei-
ten), 20 Sätze Druckerpatronen (Tricolor und Schwarz) und mehrere
tausend Einbanddrähte. Wir haben es nie bereut. Die Firma der jungen Dame ist seitdem unser Hauptlieferant für Bürobedarf, sie ist
absolut zuverlässig, und die Preise sind großartig!

Doch lassen Sie uns einen Augenblick ihre Kaltakquise-Strategie
analysieren, durch die es ihr, erfolgreich in diesem Fall, gelang, einen neuen Kunden am Telefon zu akquirieren.

Zunächst einmal bereitete sie sich richtig vor. Sie verschaffte sich
Informationen und nahm die Mühe auf sich, ein wenig über das
Zielunternehmen und was es tut herauszufinden, bevor sie den
Hörer aufnahm. Sie hatte auch eine sehr klare Vorstellung über
die Vorteile, die ihr Unternehmen einem potenziellen Kunden anbieten konnte. Sie hatte über das **K** nachgedacht (knock-on-effect), den
Dominoeffekt, den ein Ausfall der Büroartikel-Zulieferung nach sich
ziehen würde, und lenkte meine Gedanken durch ihre Fragen in diese Richtung. Sie half mir beim Punkt **E**xpand, Erweiterung, und ließ
ihre Botschaft in meiner Fantasie Gestalt annehmen. Sie vergewis-
serte sich, indem sie dies tat, auch schnell davon, dass ich ein langjähriger Kunde eines anderen Zulieferers war und deswegen vermutlich bei diesem eine Menge Nachlässigkeit erlebt hatte (was zutraf),
wodurch sie beim Punkt **A** (appropriate) eine adäquate Herangehensweise finden konnte, maßgeschneidert für meine Position auf meiner persönlichen Kaufleiter. Wenn ich ihr gesagt hätte, dass ich gerade erst zu einem neuen Zulieferer gewechselt und momentan keinen Grund zur Klage hätte, wäre ihre Botschaft anders ausgefallen
und hätte sich über mehrere weitere Monate erstrecken müssen,
wenn sie jemals erfolgreich sein wollte.

Als sie schließlich bereit war, den Hörer aufzunehmen und unsere Firma anzurufen, entdeckte sie, dass es schwierig war, an unserem Türhüter vorbeizukommen. Als sie es geschafft hatte, am

Türhüter vorbeizukommen, und zu einem Entscheidungsträger durchkam (zu mir oder meinem Geschäftspartner), waren wir immer »zu beschäftigt«, um mit ihr zu reden. Sie sah jedoch ganz klar, dass wir gute potenzielle Neukunden für ihr Unternehmen waren, also gab sie nicht auf. Sie war beharrlich. Insgesamt rief sie fünf Mal an, bevor sie beim sechsten Anruf Glück hatte, und ihre ungewöhnliche Beharrlichkeit bedeutete, dass mir, zu dem Zeitpunkt, als wir schließlich ins Gespräch kamen, ihr Name und ihre Firma bereits geläufig waren. Menschen sind eher gewillt, Dinge in ihrem Leben zu akzeptieren, die vertraut klingen.

Als sie mich schließlich erwischte, eröffnete sie das Gespräch auf eine Art, die ganz klar meine Aufmerksamkeit forderte. Sie war auf unserer Website gewesen und stellte nun eine Frage, die in direktem Zusammenhang mit meinen gegenwärtigen geschäftlichen Aktivitäten stand. Dann fuhr sie mit einer Reihe von »Besorgtheits-Fragen« im Plauderton fort, um meine Aufmerksamkeit auf die Tatsache zu lenken, dass ein kleines Problem tatsächlich eine Menge anderer Probleme verursachte. Nicht all ihre Fragen waren relevant für mich, aber wenn man genauer darüber nachdenkt, redete ich die meiste Zeit; sie stupste meine Gedanken nur mit ihren Fragen in die richtige Richtung. Sie versuchte nicht, mich zu überzeugen, indem sie mir irgendetwas erzählte. Ich war es, der mich selbst überzeugte. Am Ende fasste sie zusammen, was ich gesagt hatte, wobei sie meine eigenen Worte zur Beschreibung der Situation gebrauchte. Dann bat sie mich, zu beschreiben, wie mein Geschäftsleben aussähe, wenn meine unangenehme Situation gelöst werden könnte. Genau indem ich ihr das sagte, konstatierte ich in Wirklichkeit, für mich, die wahren Vorteile eines Zuliefererwechsels. Ich war jetzt bereit, mir ihre Bestätigung anzuhören, dass sie in der Lage sei, jedem Vorteil, den ich aufgeführt hatte, zu entsprechen.

Im Nachhinein erkannte ich, dass der größte Teil des Anrufs auf ihren eigenen investigativen Fragen gründete. Ich fühlte mich jedoch gar nicht ausgefragt. Mir war, als hätte ich gerade eine angenehme Unterhaltung mit jemandem gehabt, der an meinen Problemen interessiert war.

Ich fühlte mich nicht »verkauft«, sondern als »Käufer«.

# Lektion 5

Ein zufriedener Kunde! Wir hätten ihn ausstopfen sollen.

*Basil Fawlty – Fawlty Towers*
*BBC-Comedy-Serie*

*Kaltakquise für Angsthasen*. Bob Etherington
Copyright © 2008 WILEY-VCH Verlag GmbH & Co. KGaA, Weinheim
ISBN: 978-3-527-50379-7

# Wie man sie weiter goldene Eier legen lässt

> Es ist 90 % einfacher, mehr Dinge an einen bestehenden, zufriedenen Kunden zu verkaufen, als rauszugehen und einen neuen zu finden.

Kaltakquise ist, genau wie jede andere Form des Verkaufens, simpel … es ist nur nicht leicht. Aus diesem Grund müssen wir Kaltakquise-Angsthasen so viele Wege wie möglich finden, uns das Berufsleben so leicht zu machen, wie wir nur können. Also lassen Sie mich Folgendes fragen: Würden Sie eine *Kaltakquise* oder eine *Warmakquise* bevorzugen?

Mit Kaltakquise meine ich einen Anruf aus dem Nichts heraus, bei einem potenziellen Kunden, der noch nie mit Ihnen Geschäfte gemacht hat. Oder einem, der mit Ihnen eine sehr lange Zeit in keiner Geschäftsbeziehung stand. Mit Warmakquise auf der anderen Seite meine ich einen Verkaufsanruf bei einem Kunden, der Ihnen in letzter Zeit einen Auftrag gegeben hat. Ihre Leistung war zufriedenstellend, und dieser Kunde war mindestens zufrieden mit Ihrem Produkt, Ihrer Dienstleistung, oder hoffentlich sehr erfreut darüber. Es ist normalerweise 90 % leichter, etwas an Kunden zu verkaufen, die mit dem zufrieden waren, was Sie ihnen in jüngster Vergangenheit verkauft haben, und es ist 90 % billiger, mehr Geschäfte mit ihnen zu machen. Nicht nur das, wenn Sie die Abwanderungsrate bestehender Kunden um nur 10 % zu reduzieren vermögen, können Sie die Profitabilität Ihrer Arbeit zwischen 25 % und 90 % steigern!

Es ist so furchtbar teuer, einen einzigen neuen Kunden auszumachen und an Bord zu bringen, dass jedes Unternehmen, das etwas taugt, eine Strategie entwickeln und umsetzen muss, um Kunden zu behalten. Ihr größter Feind ist Ihre eigene Selbstzufrieden-

*Kaltakquise für Angsthasen.* Bob Etherington
Copyright © 2008 WILEY-VCH Verlag GmbH & Co. KGaA, Weinheim
ISBN: 978-3-527-50379-7

heit; eine Einstellung, die es als gegeben ansieht, dass ein Kunde, weil er Ihre Dienste kürzlich in Anspruch genommen hat, automatisch wieder zu Ihnen kommen wird, wenn er das nächste Mal etwas braucht, das Sie anbieten.

Dies ist nicht der Fall. Tatsächlich werden Sie, wenn Sie selbstzufrieden sind, Ihre Hintertür weit geöffnet lassen, und Konkurrenten (wie ich) strömen herein.

*Der wichtigste Grund, warum Ihre bestehenden Kunden abwandern, ist simpel – Sie haben sie einfach vergessen.*

Als widerwilliger Kaltanrufer, der inzwischen einsieht, warum die Kaltakquise trotz allem getan werden muss, sollten Sie einen Plan ausarbeiten, um dicht an Ihren Kunden zu bleiben. Sie müssen dafür sorgen, dass Ihr Name den Kunden geläufig bleibt ... damit Sie leichter mit Ihnen mehr Geschäfte machen können ... damit Sie den erzielten Profit steigern können ... damit Sie die Menge von nötigen Kaltanrufen minimieren können, Sie Angsthase!

In der Fernsehwerbung geht es mehrheitlich übrigens genau darum: den Bekanntheitsgrad des Produktnamens zu untermauern. Wenn die Methode gut genug ist für die großen multinationalen Hersteller von Frühstückszerealien, Autos und Waschpulvern, dann ist sie auch gut genug für Sie.

An dieser Stelle möchte ich Ihnen etwas sehr Einfaches vorstellen, worüber ich vor fünf Jahren im Internet gelesen habe und was wir in den letzten Jahren erfolgreich in unserem eigenen Unternehmen anwenden. Es ist ein Weg, wie Sie bestehende Kunden an sich binden können. Die Methode wurde offensichtlich von einem der Top-Autoverkäufer der Welt ersonnen, der es sogar in das *Guinness-Buch der Rekorde* schaffte, weil er solch ein fantastischer Verkäufer war. Die Methode heißt »Stay Close Program« (Bleib-dran-Programm). Sie ist nicht schwierig und führt bei konsequenter Anwendung gewöhnlich zu bemerkenswerten Resultaten. Die ursprünglichen Programme in den USA waren sehr simpel, funktionierten aber gut.

Alles, was Sie machen müssen, ist, eine sehr einfache Postkarte zu entwerfen und sie zu verschicken.

Die ursprünglichen Bleib-dran-Karten hatten eine simple Botschaft, die quer auf der Vorderseite zu lesen war: »Wir mögen Sie!« Unter dieser Phrase standen der Name der Firma, das Firmenlogo und die Telefonnummer. Auf der Rückseite gab es den Namen und die Adresse des Kunden und Platz für die Briefmarke. Das war alles.

Mehr als 10 000 dieser Karten wurden jede Woche versendet. Jeden Monat würde jeder gegenwärtige und frühere Kunde eine identische Postkarte erhalten. Es mag verwunderlich scheinen, aber die Resultate waren spektakulär. Die Kunden strömten nachhaltig herbei, weil das Unternehmen daran arbeitete, dass sein Name ihnen geläufig blieb.

Es ist eine einfache Idee. Vielleicht denken Sie, sie ist zu einfach – aber überdenken Sie es einen Augenblick. Wenn Sie eine Anschaffung machen wollten und eine Liste von, sagen wir, sechs oder sieben potenziellen Anbietern im Kopf hätten, an wen würden Sie sich als Erstes wenden? An die weniger vertraute »Nummer 5« oder an die Anbieter, die ganz oben auf der Liste stehen? Und was, wenn Ihr bestehender Anbieter seine Sache nicht unbedingt hervorragend macht, aber Anbieter Nummer 2 auf Ihrer Liste sich Ihnen in regelmäßigen Abständen immer wieder ins Gedächtnis gerufen hat?

Diese Neigung von uns, sich von vertrauten Dingen angezogen zu fühlen, denen wir regelmäßig ausgesetzt sind, war vor einigen Jahren Gegenstand eines Universitätsexperiments. Einer Testgruppe wurde ein weißes Blatt gezeigt, das mit etwa 50 kleinen Zeichnungen bedeckt war, wackelige Linien, Kreise, Dreiecke und Rechtecke. Man ließ es die Testpersonen eine halbe Stunde ansehen, nach dieser Zeit wurde es weggenommen. Am nächsten Tag wurde jeder Person der Gruppe ein ähnliches Blatt mit ähnlichen kleinen Zeichnungen vorgelegt. Alle Personen wurden gebeten, die Zeichnungen zu markieren, die sie bereits am Vortag gesehen hatten. Die meisten waren dazu nicht fähig.

Dann wurden die Testpersonen gebeten, etwas ein wenig anderes zu tun. Sie sollten nun die Zeichnungen markieren, die sie lieber mochten als die anderen. Die meisten Personen wählten jetzt die Zeichnungen, die sie am Tag zuvor gesehen hatten. Sie konnten nicht sagen, warum … sie »bevorzugten« sie einfach.

Eine Karte mit dem Aufdruck »Wir mögen Sie« mag Ihnen vielleicht, je nachdem, in welchem Teil der Welt Sie leben, allzu simpel erscheinen. Im zynischen alten Europa schütteln Sie vielleicht den Kopf bei dem Gedanken, dass solch eine simple, »zuckrige« Botschaft überhaupt irgendeine Wirkung haben könnte. In diesem Fall ist vielleicht die Modifikation der Idee für Sie interessant, die wir sehr erfolgreich in Großbritannien und Nordeuropa anwenden, um dicht bei unseren eigenen Kunden zu bleiben und potenzielle Neukunden mit unserem Namen vertraut zu machen. Einfach durch das regelmäßige Versenden von Postkarten, die den soeben beschriebenen ähnlich sind, erzielen wir eine enorme Menge sowohl wiederholter als auch neuer Geschäftsabschlüsse.

Anstelle von »Wir mögen Sie« zeigt unsere Karte auf der Vorderseite einen passenden Cartoon aus dem Geschäftsleben. Man kann diese Cartoons in großer Menge im Internet finden. Unsere Lieblings-Websites sind *www.cartoonbank.com* und *library.kent.ac.uk/cartoons/*. Auf diesen Websites können Sie fachgebiets- oder themenorientiert nach Cartoons suchen und bekommen Zugang zur Arbeit von einigen der weltbesten Cartoonisten. Die Lizenzgebühr zum Herunterladen eines bestimmten, hochwertigen Bildes ist bemerkenswert gering. Zum Beispiel kostet die Lizenzgebühr für bis zu 10 000 Ausdrucke gewöhnlich etwa 250 US-Dollar (etwa 170 Euro). Wir wissen, dass die Karten ungewöhnlich sind, und wir wissen auch, weil wir es selbst gesehen haben, dass sie an Pinnwände und Wandkalender geheftet werden.

Das Format der Karte ist immer dasselbe, wenn das Ziel der Aufbau einer Marke ist. Das Einzige, was verändert wird, ist der Cartoon. Auf der Vorderseite, unter dem Cartoon, gibt es ein 1 cm hohes Werbebanner, immer in derselben Firmenfarbe und -schriftart, mit unserer Internetadresse und einer Aufzählung dessen, was wir tun, in drei Punkten. Auf der Rückseite gibt es eine sehr kurze, auf A.I.D.A. basierende Botschaft: Eine Überschrift erregt **A**ufmerksamkeit, etwas Provokatives erhält das **I**nteresse, **D**esire (Wunsch, Begehren) wird mit einer Kurzdarstellung unserer gegenwärtig angebotenen Seminare erzeugt, und **A**ction (Handeln) wird angeregt, indem wir sagen, was man tun muss, um ein Seminar zu buchen … und das alles in nicht mehr als 25 bis 35 Worten. Funktioniert es, und erinnern sich die Kunden an uns? Und ob! Und Sie können dasselbe tun – Sie müssen es nur angehen.

In einem Zeitalter, in dem jedermann versucht, sowohl E-Mails als auch das Internet zu nutzen, um sein Geschäft zu bewerben, und so vieles davon automatisch sofort gelöscht wird oder im Spam-Filter landet, kann das wohlüberlegte Zurückgreifen auf die gewöhnliche Post für uns Kaltakquisiteure in höchstem Maße zweckdienlich sein. Abgesehen davon, dass Postaktionen für unser Bleib-dran-Programm nützlich sind, dienen sie auch dazu, schwierige Türen zu öffnen. Trotzdem möchte ich jedoch gleich betonen, dass Werbekarten und -briefe kein bequemer Ersatz dafür sind, den Hörer in die Hand zu nehmen und einen Kaltanruf zu machen.

Besonders Werbebriefe sind sehr schwierig zu schreiben. Selbst wenn sie von fachlich äußerst bewanderten Profis geschrieben werden und im Massenversand mehrerer 100000 Briefe oder mehr verschickt werden, erreichen sie eine Erfolgsrate von 1% oder 2%, und das bedeutet lediglich, dass der Empfänger den Umschlag aufmacht! Also gibt es vermutlich keine große Chance für Sie als Amateur, es besser zu machen.

Wofür Sie die gewöhnliche Post gebrauchen können, im Gegensatz zu den Postkarten des Bleib-dran-Programms, ist, Türen zu öffnen, die für Sie fest verschlossen zu sein scheinen. Wenn Sie nichts zu verlieren haben, mögen Sie deshalb vielleicht einen dieser Vorschläge ausprobieren (in unserem Unternehmen benutzen wir sie alle gelegentlich mit großer Wirkung).

Die erste Briefwerbungs-Regel (im Gegensatz zur Postkartenwerbung): Versenden Sie etwas, das klumpig, dick und »pummelig« ist! Der Grund dafür ist noch simpler als der, dass solch ein Brief »interessant« aussieht. Wenn man die Sendung irgendwie »pummelig« macht, ist es ganz einfach schwerer, andere Post obendrauf zu legen, also wird Ihre oben auf dem Stapel liegen!

Dies sind einige der pummeligen Dinge, die wir in den Umschlag legen, um Aufmerksamkeit zu erregen (das A von A.I.D.A. wiederum):

einen Werbebrief, eine Broschüre oder einen Flyer, und zwar in zerknitterter Form. Wenn wir jemandem Werbematerial »auf gut Glück« zusenden, zerknüllen wir es oft, so sehr wir können, bevor wir es in den Umschlag stecken. Bevor wir ihn zukleben, kleben wir auch einen kleinen Post-it-Zettel an die zerknüllten Unterlagen, mit der Erklärung darauf:

Wenn wir dann anrufen, nicht mehr als 48 Stunden später (wir fassen *immer* telefonisch nach), merken wir, dass 80 % der Empfänger den Umschlag geöffnet haben, sich daran erinnern und die Sendung amüsant finden, wenn nicht sogar total witzig. Wir haben auch gemerkt, dass wir, sobald wir dem persönlichen Assistenten, der persönlichen Assistentin unseren Namen nennen, die Reaktion bekommen: »*Oh ja, Sie sind die Leute, die uns diesen zerknautschten Flyer geschickt haben, nicht wahr? Eine Sekunde, ich stelle Sie durch.*« Dadurch können wir in 80 % der Fälle Verkaufstermine vereinbaren.

Eine weitere pummelige Sendung lässt sich erzeugen, indem man zuerst eine einfache Botschaft auf einem altmodischen Kassettenrekorder aufnimmt:

»*Guten Morgen, Herr Neukunde. Mein Name ist ....... von der Firma ....... . Ich habe mehrere Tage versucht, Sie zu erreichen. Ich weiß, dies ist eine unkonventionelle Kontaktaufnahme, aber könnten Sie mich bitte zurückrufen, wenn Sie einen Moment Zeit haben. Meine Nummer ist 020 7xxx xxxx. Danke, Herr Neukunde.*«

Dann schreibe ich per Hand folgende Botschaft auf ein kleines Etikett, das ich auf die Kassette klebe. Ansonsten gibt es keinen Hinweis auf den Absender:

---

**Bitte spielen Sie diese Kassette so bald wie möglich ab.**

---

Empfänger finden dies genauso faszinierend und denkwürdig wie den zerknüllten Flyer. Es hat etwas von »Mission Impossible«. Auch hierbei fassen wir innerhalb von 48 Stunden nach, wenn wir nichts gehört haben, und auch hier bekommen wir eine großartige Resonanz.

Eine dritte Idee, die wir in unserem Unternehmen sehr effektiv und »pummelig« finden, besteht darin, zur nächsten Apotheke oder in ein Schuhgeschäft zu gehen und sich einige billige Einlegesohlen zu besorgen; diese gepolsterten Dinger, die Ihre Füße wärmen oder vor Blasen schützen! Wir stanzen ein kleines Loch an einem Ende hinein und machen ein Gummiband daran fest, an dem eine unserer Firmenkarten hängt. Auf der Rückseite der Karte steht:

> *Nur ein Versuch, meinen Fuß in die Tür zu bekommen.*

Auch dies wird wahrgenommen zwischen einem Stapel langweiliger Werbepost. Wir machen damit Geschäfte, also seien Sie vorsichtig damit, diese Aktion oder irgendeine der anderen Ideen vorschnell als zu »geschmacklos« für Ihr »erstklassiges« Unternehmen abzutun. Mit diesen Aktionen nehmen wir unseren eigenen »erstklassigen« Konkurrenten eine Menge »erstklassiger« Geschäfte weg.

Ein letzter Notfall-Türöffner, den Sie vielleicht in Erwägung ziehen möchten, kommt eigentlich nur für die weiblichen Mitglieder Ihres Kaltakquise-Teams in Frage, die bislang vergeblich versucht haben, einen männlichen potenziellen Kunden zu kontaktieren. Zunächst bitten Sie einen Kartenspiel-Hersteller, Ihnen eine spezielle Bestellung von Spielkarten zuzusenden: eine Packung Herz-Asse, eine Packung Herz-Buben, eine Packung Herz-Könige.

Wenn Sie Ihre Karten erhalten haben, stecken Sie ein einziges Herz-Ass, sonst nichts, in einen einfachen weißen Umschlag und senden den Brief an die Person, mit der Sie versucht haben zu sprechen. Am nächsten Tag senden Sie derselben Person einen einzigen Herz-Buben. Am darauf folgenden Tag schicken Sie einen einzigen Herz-König. Lassen Sie ein paar Tage verstreichen, dann machen Sie Ihren Kaltanruf bei dem Kunden. Wenn der Türhüter fragt, wer anruft, sagen Sie einfach: »Würden Sie ihm sagen, es ist die ›Herz-Dame‹, bitte. Dankeschön.« Kein Sterblicher, der nicht fasziniert und neugierig genug wäre, Ihren Anruf nicht entgegenzunehmen. Auch diesen Türöffner haben wir benutzt und tun es noch immer, und er wirkt großartig.

## Seien Sie kein dummer Angsthase

Für 95 % aller Verkäufer ist ein Kaltanruf das Schlimmste, was sie sich vorstellen können. Sie stellen sich die Hölle als eine Ewigkeit von Kaltanrufen vor. Doch da 85 % aller neuen Geschäftsabschlüsse in jedem Markt an die 5 % der Verkäufer gehen, die regelmäßig Kaltanrufe machen, sind Kaltanrufe eine absolute Notwendigkeit, wenn Sie das Haus in Frankreich, den Bentley, die Hochseejacht, den Helikopter und das große Bankguthaben bekommen wollen.

*Kaltakquise für Angsthasen* ist wirklich ein Buch für die Mehrheit der Vertriebsleute in jedem Markt; sie alle sind ebensolche Angsthasen wie Sie, aber Sie hatten den Mut, den ersten Schritt zu tun, etwas deswegen zu unternehmen, indem Sie dieses Buch gekauft haben. Es gibt einige absolute Gewissheiten, wenn Sie einen Kaltanruf machen:

1. Kein potenzieller Kunde sitzt neben dem Telefon und wartet auf Ihren Anruf.
2. Die meisten potenziellen Kunden kommen ohne die Dienstleistung oder das Produkt, das Sie anbieten, ebenso gut zurecht.
3. Die meisten potenziellen Kunden scheuen eigentlich davor zurück, sich mit möglichen Veränderungen auseinanderzusetzen.
4. Nicht ein einziger potenzieller Kunde macht sich etwas aus den nackten Tatsachen und Merkmalen Ihres Produktes, egal wie ausgefallen oder neu es ist.
5. Wenn Sie während Ihres Telefonats nicht ein wenig FUB (Furcht, Unsicherheit und Bedenken) bei Ihrem potenziellen Kunden säen können, indem Sie wirksame Fragen zu Proble-

men stellen, für die Sie eine Lösung haben, werden Sie schlicht weder einen Termin bekommen noch etwas verkaufen können.

6. Bevor Sie den Hörer abnehmen, dürfen Sie niemals mutmaßen, dass die Person, die Sie anrufen wollen, Ihnen gegenüber grantig oder verächtlich sein könnte oder kein potenzieller Kunde. Wenn Sie Ihre I.K.E.A.-Hausaufgaben gemacht haben, ist diese Person ein geeigneter potenzieller Kunde, der Ihr Produkt gut gebrauchen und eine Kaufentscheidung treffen kann.

Um ein Gefühl der Wertschätzung beim Kunden zu erzeugen, stellen Sie Fragen, welche ihn zwingen, über seine Probleme nachzudenken. Die besten Kaltakquisiteure sind ebensolche Angsthasen wie Sie. Sie stellen lediglich mehr Fragen und sind beharrlich. Es ist tatsächlich so einfach.

Ich freue mich darauf, von Ihrem Erfolg zu hören.

# Über den Autor

Bob Etherington baute seinen Ruf für Verkaufserfolg seit den 1970er Jahren kontinuierlich auf, indem er eine Laufbahn verfolgte, die viele globale Schlüsselmärkte umfasste.

Nachdem er seine Karriere als Verkäufer 1970 bei Rank Xerox in London begann, wurde er schnell von Grand Metropolitan Hotels abgeworben und wurde dann Börsenmakler in der City of London. Er trat bei Reuters ein, dem internationalen Nachrichten- und Finanzinformationsdienst in den frühen 1980ern, wurde 1990 Hauptvorstandsmitglied für deren Termingeschäfts-Dienstleistungen und zog 1994 nach New York, um die wesentlichen Kontoführungsstrategien von Reuters für US-Banken zu übernehmen. Die Verkäufe von Reuters International an diese Banken wuchsen schnell, und infolgedessen wurde Bob dazu berufen, professionelle Verkaufsschulungen für die gesamte Firma abzuhalten.

Im Jahr 2000 verließ Bob Reuters und machte sich daran, SpokenWord Ltd. auszubauen, ein Unternehmen für Verkaufstraining mit Hauptsitz in London, das er bereits zuvor mit seinem Geschäftspartner Frances Tipper gegründet hatte.

Heute leitet er Verkaufs- und Verhandlungsprogramme für viele internationale, hochrangige Kunden und ist als inspirierender und charismatischer Referent bei Geschäftskonferenzen rund um die Welt sehr gefragt. Er besitzt auch einige erfolgreiche US-Geschäftsanteile.

Wer Bob Etherington kontaktieren will, kann dies über die Website von SpokenWord tun: *www.spokenwordltd.com*

*Kaltakquise für Angsthasen.* Bob Etherington
Copyright © 2008 WILEY-VCH Verlag GmbH & Co. KGaA, Weinheim
ISBN: 978-3-527-50379-7

Über den Daumen

# Die Vorwahl zum Erfolg

STEPHAN MAGNUS und HANS VIALON

**Tapfere Helden in der Akquise**
*Wie Sie mit Mut und Spaß neue Kunden gewinnen*

*2006. 237 Seiten, ca. 30 Abbildungen. Gebunden.*
*ISBN: 978-3-527-50254-7*
*€ 24,90*

**Mit diesem Buch überwinden Sie psychologische Hürden!**

Kaltakquise ist die schwierigste Aufgabe für Verkäufer. Ganz gleichgültig, ob es darum geht, einen Besuchstermin zu vereinbaren, direkt etwas zu verkaufen oder Bedarf und Interesse an einem Produkt oder einer Dienstleistung zu klären. Der wunde Punkt ist: Das Unternehmen, das Sie anrufen, hat noch nie etwas von Ihnen gehört. Doch je besser Sie sich vorbereiten, desto leichter fällt Ihnen die Kaltakquise neuer Kunden.

Stephan Magnus und Hans Vialon zeigen, wie Akquise durch den Einsatz mentaler Techniken professionell, elegant und erfolgreich betrieben werden kann. Dabei sind zum Beispiel folgende Faktoren entscheidend: die Visualisierung von Zielen oder der Umgang mit schwierigen Kunden und Stresssituationen. Akquise ist eine Herausforderung, die auch Spaß machen kann.

Wiley-VCH
Postfach 10 11 61 • D-69451 Weinheim
Fax: +49 (0)6201 606 184
e-Mail: service@wiley-vch.de • www.wiley-vch.de

**WILEY-VCH**

# Verkaufserfolge durch Netzwerke

STEPHAN MAGNUS
**Hinter jedem Menschen steckt
ein Netz**
*Verkaufen mit Empfehlungsmarketing*

*2007. 226 Seiten. Gebunden.*
*ISBN: 978-3-527-50303-2*
*€ 24,90*

**Entdecken Sie das Netz
der tausend Möglichkeiten!**

Hinter jedem Menschen steckt ein Netzwerk, das es – richtig genutzt – Verkäufern und Dienstleistern ermöglicht, ihren Absatz explosiv zu vermehren. Sie müssen nur die entscheidenden Tricks und Hebel kennen. Vom einfachen Kundengespräch bis in die ungeahnten Weiten des globalen Internets entwickelt Stephan Magnus Schritte zum Erfolg.

Anfangs nutzen Verkäufer das Netzwerk ihrer Kunden, um im normalen Verkauf Empfehlungen zu sammeln. Sie lernen, diesen nachzugehen, und so ihren Absatz zu vervielfachen. Im nächsten Schritt arbeitet das Netzwerk von selbst. Die Werbung macht sich selbstständig. Aber damit nicht genug! Denn was wäre ein idealerer Ort für Netzwerke als das Internet? Blogs, Wikis, Podcasts und Social Software wie XING geben dem Verkauf über den Hebel des Netzwerks eine grenzenlose Dimension.

Wiley-VCH
Postfach 10 11 61 • D-69451 Weinheim
Fax: +49 (0)6201 606 184
e-Mail: service@wiley-vch.de • www.wiley-vch.de